U0181699

生命是什么

活细胞的物理观

大家小书 青春版

[奥] 薛定谔 著
傅渥成 王雨晨 译

北京出版集团
北京出版社

图书在版编目（CIP）数据

生命是什么 / （奥）薛定谔著 ；傅渥成，王雨晨译．—
北京：北京出版社，2024. 1
（大家小书：青春版）
ISBN 978-7-200-16258-5

Ⅰ. ①生… Ⅱ. ①薛… ②傅… ③王… Ⅲ. ①生命科
学—研究 Ⅳ. ①Q1-0

中国版本图书馆 CIP 数据核字（2021）第 009883 号

总 策 划：高立志　　　　责任编辑：白　雪
责任印制：陈冬梅　　　　封面设计：吉　辰
责任营销：猫　娘

·大家小书青春版·
生命是什么
SHENGMING SHI SHENME
［奥］薛定谔　著
傅渥成　王雨晨　译

出　　版　北京出版集团
　　　　　北京出版社
地　　址　北京北三环中路 6 号
邮　　编　100120
网　　址　www.bph.com.cn
总 发 行　北京出版集团
印　　刷　北京华联印刷有限公司
经　　销　新华书店
开　　本　880 毫米 ×1230 毫米　1/32
印　　张　7.25
字　　数　115 千字
版　　次　2024 年 1 月第 1 版
印　　次　2024 年 1 月第 1 次印刷
书　　号　ISBN 978-7-200-16258-5
定　　价　39.90 元

总　序

袁行霈

“大家小书”，是一个很俏皮的名称。此所谓“大家”，包括两方面的含义：一、书的作者是大家；二、书是写给大家看的，是大家的读物。所谓“小书”者，只是就其篇幅而言，篇幅显得小一些罢了。若论学术性则不但不轻，有些倒是相当重。其实，篇幅大小也是相对的，一部书十万字，在今天的印刷条件下，似乎算小书，若在老子、孔子的时代，又何尝就小呢？

编辑这套丛书，有一个用意就是节省读者的时间，让读者在较短的时间内获得较多的知识。在信息爆炸的时代，人们要学的东西太多了。补习，遂成为经常的需要。如果不善于补习，东抓一把，西抓一把，今天补这，明天补那，效果未必很好。如果把读书当成吃补药，还会失去读书时应有的那份从容和快乐。这套丛书每本的篇幅都小，读者即使细细地阅读慢慢地体味，也花不了多少时间，可以充分享受读书的乐趣。如果把它们当成补药来吃也行，剂量小，吃起来方便，消化起来也容易。

我们还有一个用意，就是想做一点文化积累的工作。把那些经过时间考验的、读者认同的著作，搜集到一起印刷出版，使之不至于泯没。有些书曾经畅销一时，但现在已经不容易得到；有些书当时或许没有引起很多人注意，但时间证明它们价值不菲。这两类书都需要挖掘出来，让它们重现光芒。科技类的图书偏重实用，一过时就不会有太多读者了，除了研究科技史的人还要用到之外。人文科学则不然，有许多书是常读常新的。然而，这套丛书也不都是旧书的重版，我们也想请一些著名的学者新写一些学术性和普及性兼备的小书，以满足读者日益增长的需求。

“大家小书”的开本不大，读者可以揣进衣兜里，随时随地掏出来读上几页。在路边等人的时候，在排队买戏票的时候，在车上、在公园里，都可以读。这样的读者多了，会为社会增添一些文化的色彩和学习的气氛，岂不是一件好事吗？

“大家小书”出版在即，出版社同志命我撰序说明原委。既然这套丛书标示书之小，序言当然也应以短小为宜。该说的都说了，就此搁笔吧。

片羽千钧

——“大家小书青春版”序

顾德希

片羽千钧，这是十年前我看到“大家小书”系列时的感觉。

一片羽毛，极轻，可内力深厚者却能让它变得异常沉实，甚至有千钧之重。这并非什么特异功能。俗话说得好，小小秤砣压千斤。轻与重的辩证关系，往往正是这样。

这个系列丛书统称“小书”，很有意味。这些书确乎不属于构建出什么严格体系的鸿篇巨制，有的还近乎通俗读物，读起来省劲，多数读者不难看懂。比如费孝通《乡土中国》被选进语文教材，鲜有同学反映过艰深难啃。又如鲁迅的《呐喊》《彷徨》，若让同学们复述一下里面的故事，从来都不算什么难事。不过，若深入追问其中的蕴意，又往往异见颇多，启人深思。这大概恰是“大家小书”的妙处：容易入门，却不会一览无余；禁得起反复读，每读又常有新的发现。作者若非厚积薄发，断不能举重若轻至此。

“大家小书”在出版二百种之际，筹谋推出“青春版”，我觉得很合时宜，是大好事。有志的青年读者，如果想读点有分量的书，那么“大家小书青春版”便提供了极好的选择。这套系列丛书“通识”性强，有文学也有非文学，内容包罗万象，但出自大家笔下，数十百年依然站得住。这样的“通识”读物，很有助于青年读者打好自己的文化底色。底色好，才更能绘出精彩的人生画卷。

所谓“通识”，是相对于“专识”而言的。重视系统性很强的专业知识，固然不错，但“通识”不足，势必视野狭窄。人们常说，站得高，才能看得远。而视野开阔，不是无形中就使站位高了许多吗？要读一点鲁迅，也要好好读读老舍，还应当多了解点竺可桢、茅以升的学问，否则吃亏的会是自己。王国维《人间词话》里把“望尽天涯路”视为期于大成者所必经的境界，把看得远与站得高结合了起来。

打好文化底色，不能一蹴而就，非假以时日不可。而底色不足，往往无形中会给自己的交往设下诸多限制。孔子说“不学诗，无以言”，指不好好读《诗经》就很难承担诸侯之间的外交使命，在某些场合就不会说话了。文化上的提高亦如是。多读点各方面大家的通俗作品，就如同经常聆听他们娓娓道来。久而久之，自己的文化素养便会提高到相当层次，自己的文化品味也会发生变化。读“大家小书青春版”也有类似之处。如果想寻求刺激、噱头，那就可以不读这些“小书”。但如果志存高远，就不妨让这些“小书”伴你终生。

读这些“小书”，忌匆忙。胡乱涂抹是打不好底色的。要培养静心阅读的习惯。静下心读一篇，读几段，想一想，若感到有所获，就试着复述一下。若无所获，不妨放下，改日再读。须知大家厚积薄发之作，必多耐人寻味之处，倘未识得，那是机缘未到。据说近百年前，清华大学成立国学研究院，曹云祥校长请梁启超推荐导师。梁推荐陈寅恪。曹校长问陈先生有什么大著，梁说没有，但梁接着说，我梁某算是著作等身了，但总共著作还不如陈先生寥寥数百字有价值。这个真实的故事，耐人琢磨之处甚多，而对我们怎样读“大家小书青春版”也极有启示。大家笔下的二三百字，往往具有极高价值。但有极高价值的二三百字，却又往往是有人看不出，有人看得出。

相对于鸿篇巨制，这个系列的“小书”，也许是片羽。就每一本“小书”而言，其中的二三百字，更不过是片羽。愿今日有志气的青年读者，不断发现那弥足珍贵的片羽，为自己的人生画卷涂上足够厚重的底色！

2020年10月21日

本文由我1943年2月在都柏林三一学院高等研究院的系列演讲整理而成。

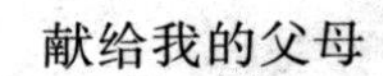

献给我的父母

前　言

人们普遍认为，科学家对于其所熟悉的学科拥有完整而深刻的第一手知识，因此，公众并不会希望科学家们对自己不熟悉的话题发表自己的观点。这就是所谓“位高者应不负众望”[1]。不过，为了写作这本书，我希望放下自己的这份名人光环——如果我真的有这份光环的话，也因此免去随之而来的各种责任。我之所以这么说，是因为：

我们从先辈们那里继承了一种强烈的渴望，那就是对统一的、普遍性的知识的不懈追求。我们把最高学府称为“大学”，说明人类几百年来最为推崇的，正是科

1. 原文为法语“noblesse oblige”，直译为“贵族义务”，指的是贵族的一些不成文的义务（例如应当体面、慷慨等），引申意为“名人应当有义务负责任地行事”或者“权力越大，责任也越大”。——译者注

学真理的**普适性**[1]。然而，最近100多年来，知识的众多分支在广度和深度上都出现了快速的发展，这让我们陷入了一个奇特的困境。一方面，我们终于开始有能力获得可靠的材料，用来整合我们已有的知识；而另一方面，随着知识的增长，对于任何个人而言，几乎不可能掌握比某个专业领域更多的知识。

要想解决这个困境，那就必须有人冒着被大家当成笨蛋的风险站出来，哪怕是使用不完备的二手材料，也要尝试对我们已知的事实和理论做出总结。否则，我们真正的目的就永远无法达到了。

以上就是我的辩白。

另外，语言上的困难也是不能被忽略的。一个人的母语好比一件合身的衣服。如果不能用母语写作，而必须使用另一种语言的话，他绝不会感到舒服。[2]我非常感谢都柏林三一学院的英克斯特博士（Dr. Inkster）、梅努斯圣帕特里克学院（St Patrick's College, Maynooth）的帕德里克·布朗博士（Dr. Padraig Browne），以及罗伯茨先生（S.C. Roberts）。他们费了很大的力气帮助我用

1. "大学"的英语单词university与代表"普适性、普遍性"的英语单词universal同源。——译者注
2. 薛定谔的母语是德语，而这本书是用英语写成的。——译者注

英语写作，就像是在帮我把新衣服改到合身为止。我有时候会坚持保留我“独创”的语言风格，这就给他们增加了更多的麻烦。如果文中的各种表达还有任何不妥之处，那责任都在于我，而不在于他们。

本书各个小节的标题，原本只是写在页边的摘要，各个小节的内容并不独立，读者在阅读本书的每一章时，应**前后连贯地**阅读。

埃尔温·薛定谔

1944年9月于都柏林

目　录

自由的人绝少想到死；他的智慧，不是死的默念，而是生的沉思。

——斯宾诺莎[1]，《伦理学》第四部分

1. 斯宾诺莎（Baruch de Spinoza，1632—1677）是出生在荷兰的犹太哲学家（24岁时被逐出了犹太教会堂），是西方近代哲学史上重要的理性主义者。斯宾诺莎的哲学体系具有“一元论”和无神论或泛神论的性质。译文参考了贺麟译的斯宾诺莎《伦理学》。——译者注

第一章　经典物理学家怎样理解生命问题

我思故我在。

——笛卡尔[1]

1.1　基本问题和研究目的

这本小册子的内容源于我——作为一个理论物理学家——面向大约400名听众的一个公开演讲。在这个讲座的一开始，我就提醒听众们，这是一个有些困难的主题，而且讨论的内容也并不流行。尽管如此，听众人数并没有随之大幅减少。在演讲中，我几乎没有使用物理学家最令人望而生畏的武器——数学推导，这并不是因

1. 笛卡尔（René Descartes，1596—1650），法国的哲学家、数学家。在哲学领域，他是二元论和理性主义的代表人物；在数学领域，他提出了直角坐标系，创立了解析几何。——译者注

为主题简单到不用数学就能解释，而恰恰是因为这个主题涉及的内容太多，无法完全用数学来解释。此外，作为演讲者，我也非常希望能够向物理学家和生物学家阐释清楚那些横跨在物理学和生物学之间的基本概念，这些尝试或多或少会使得演讲更通俗易懂一些。

虽然我们在这本书中讨论了很多不同的主题，但归根到底，本书想传达的核心思想都是围绕着“生命”这样一个宏大而重要的问题的注解。为了使接下来的讨论不至于偏离主要方向，我将非常简要地概述一下之后的计划。

这个讨论得很多的重大问题就是：

· 怎样运用物理学和化学知识来解释生物体内所发生的各种活动**在时间和空间中**的展开？

本书想要努力阐释和建构的一个初步的回答可以被概括为：

· 现阶段，物理和化学没有能力完全解释这些活动。但我们毫不怀疑，在未来，物理和化学终究能够把它们解释清楚。

1.2 从统计物理的角度看待生命和非生命在结构上的本质区别

我的演讲并非只是为了激励大家对过去没有做成功的事情重燃希望，因为那将是非常平庸的评论。我希望可以深刻地讨论为什么当前的物理学和化学无法解释生命活动，这或许会更有积极的意义。

基于生物学家，尤其是遗传学家，在过去三四十年中的创造性工作，我们现在对生物的真实的物质结构及其功能有了足够的了解。于是，我们可以准确地做出如下判断：当前的物理学和化学仍然没有能力解释生物体在时间和空间中所发生的各项活动。

对生物体内最具活力的关键[1]部分来说，这些结构中原子排列方式和原子之间的相互作用，本质上不同于物理学家和化学家迄今为止在实验和理论研究中曾经接触过的那些对象。一般读者或许会认为这种根本区别并没

1. 在英语中，“vital”包含两层含义，它的本义是指“与生命相关的”或者“有活力的”，而因此又引申为“关键的”，在本书中，薛定谔用到这个词时，往往具有双重含义：不仅强调其与生命活动有关，又代表其极其关键。——译者注

有那么重要[1]，不过，对物理学家来说，尤其是那些坚信“物理学和化学所遵循的法则都是统计规律”的人而言，这种区别就显得至关重要了。这是因为，从统计学的观点来看，生物体内关键活性部分的结构，与物理学家和化学家在实验室中研究过的，或者在书桌边用脑力想象过的任何物质都完全不同[2]。物理学和化学的定律和规则是基于传统的物质结构总结得到的，直接用这些定律和规则来解释这些结构完全不同的系统的行为是难以想象的。

我们就不要指望非物理学家能理解这种“统计结构”上的区别了，更别说让他意识到这种区别的现实意义。为了使我的陈述更生动形象，我在这里首先预告一下我的一个核心观点：一个活细胞最重要的部分——染色体纤丝，它可以被称作**非周期性晶体**。在接下来的讨论

1. 这种论断可能有些过于笼统，更具体内容可以参见本演讲结尾部分（本书第7.7~7.8节）的讨论。
2. F.G. 道南所写的以下两篇极具启发性的论文，强调了这个观点，参见：F.G.Donnan, Scientia, XXIV, no. 78 (1918), 10,《物理化学能够适当地描述生物学现象吗？》(*La science physico-chimique décrit-elle d'une façon adéquate les phénomènes biologiques?*)；Smithsonian Report for 1929, p. 309,《生命的奥秘》(*The mystery of life*).［F.G.道南（Frederick George Donnan，1870—1956），爱尔兰物理化学家，他最早通过实验研究了半透膜两侧电荷分布不均匀的现象，这种现象主要是由不同电解质的透过性差异引起的。——译者注］

中，我还会更详细地阐述这一点。物理学迄今为止只研究过**周期性晶体**。在谦卑的物理学家眼里，即使是周期性晶体就已经是非常有趣而且让人费解的事物了——它们形成了极其迷人的复杂结构。凭借这种结构，非生命的大自然已经让物理学家费尽心机了。不过，在非周期性晶体面前，周期性晶体马上就变得平淡无趣。周期性晶体就好比是一张墙纸，同样的图案以规则的周期不断简单重复，而非周期性晶体就好比是一幅刺绣杰作（例如拉斐尔的壁毯画[1]），它们没有枯燥的重复，而是通过丰富统一且有意义的设计体现出大师的匠心——这就是周期性晶体和非周期性晶体之间的巨大差别。

在我的印象里，通常只有物理学家才会把周期性晶体视为最复杂的研究对象之一。不过，在有机化学领域，化学家们所研究的分子实际上也在变得越来越复杂，在我看来，这已经很接近那种“非周期性晶体”了，而正是这种非周期性晶体构成了生命的物质载体。因此，有机化学家已经对生命问题做出了重大贡献，而物理学家迄今依然几乎毫无建树，这就让人并不感到意外了。

---

1. 拉斐尔（Raphael，1483—1520），意大利文艺复兴时期画家、建筑师。1515年，拉斐尔曾经受教皇委托，根据《圣经》中的故事，为梵蒂冈西斯廷教堂设计过10幅精美的壁毯画。——译者注

晶体、非晶体和准晶体

晶体是原子、离子或分子按照一定的周期性，在空间中排列形成具有一定规则的几何外形的固体，常见的各种晶体包括各种矿物质晶体、金刚石晶体、氯化钠晶体（食盐）、金属晶体等。与晶体相对的概念即为"非晶体（非晶态固体）"，也被称为无定形态、无序固体等。在非晶态固体中，组成物质的分子（或原子、离子）不呈空间有规则周期性排列的固体，例如玻璃就是典型的非晶体。非晶体通常没有固定的熔点，随着温度升高，物质首先变软，然后由稠逐渐变稀，成为流体。非晶体也没有一定规则的外形，而正因为没有特定规则的外形，非晶体内部有着更多的对称轴，具有更高的对称性（各向同性）。从对称性的角度来看，非晶态固体更类似于液体和气体，而不是同为固体的晶体。

此外，在晶体和非晶体之间，还有一种特殊的“准晶体”，准晶体具有与晶体相似的长程有序的原子排列；但是却不具备晶体的平移对称性。在准晶体中，原子的排列可以出现与通常晶体不同的对称性（例如五次对称轴）。这种材料最早是在1984年由以色列材料科学家丹·谢赫特曼（Dan Shechtman，1941— ）所发现，他也因发现准晶体获得了2011年诺贝尔化学奖。

需要特别指出的是，薛定谔在这里所说的“非周期晶体”并不同于我们在这里介绍的“准晶体”。沿用正文中的比喻，如果说周期性的晶体是图案简单重复的墙纸；那么准晶体就是用两种或者多种不同的瓷砖精心铺排的，呈现出特定对称性的几何图案；而薛定谔的“非周期晶体”则是精美的刺绣艺术品，它没有特定的对称性，但内容更复杂，它对应的是类似于DNA、RNA这样的可以编码遗传信息的物质。关于遗传物质作为非周期晶体的观点，在本书第五章中还有更多的讨论。

1.3 天真的物理学家探讨生命相关主题的方法

在前文中，我已经阐明了本书的基本观点，或者说是最终视角。那么接下来，让我来具体描述一下论证的思路。

首先，我来解释一下什么是所谓“天真的物理学家看待有机体的视角”。[1]一个物理学家，在学习了多年物理学，尤其是科学的统计学基础之后，这种视角会很自然地在他脑中开始浮现。他会开始思考生命相关的问题，考虑生物的行为及其生物执行功能的方法。他也会发自内心地思考：是否能从他所学出发，从这门相对简单、清晰并且谦卑的科学出发，对生命相关的问题做一些贡献。

结果表明，这位天真的物理学家的确可以对生命问题做出贡献。那么接下来的一步，就是将他的理论设想与生物学事实进行对比。接着，我们将会发现：即使他的想法大体上是可靠的，但是在某些方面仍然需要改

1. 在本书中，薛定谔有时也会沿用传统的“有机体”(organism)一词来指代“生命体”。这两种说法通常没有太大的区别，但如果上下文中涉及“有机物”或“生命相关的物质”时，我们会在翻译中做出区分。——译者注

进。用这种方法，我们可以慢慢地接近正确的观点，或者更谦虚地说，这是在接近我自认为正确的观点。

即使我的观点最终被证明是正确的，我也不知道我的方法是否就是最好的或是最简单的。不过，这至少是我的观点。我就是这个“天真的物理学家”，除了这一条曲折的道路之外，我也找不到其他更加平坦的道路通向这个目标。

1.4 原子为什么那么小

我们不妨从一个几近荒唐的问题出发来进一步发展“天真物理学家的观点”，这个问题就是：原子为什么那么小？首先，我们可以说，原子确实非常小。在日常生活中，我们身边即使再小的物品里也包含着巨大数目的原子。有很多例子都可以帮助读者来直观地理解这个事实，其中令人印象最深刻的莫过于开尔文勋爵[1]曾经举过

1. 开尔文勋爵（Lord Kelvin），即威廉·汤姆森（William Thomson），英国著名数学物理学家、工程学家。因其在跨大西洋电报电缆工程中所做出的杰出贡献获封爵位。在物理学方面，开尔文是热力学的奠基人，他将热力学第一定律和第二定律公式化，并创立了热力学温标（绝对温标）。在国际单位制中，“温度”这一物理量的基本单位即以开尔文的名字命名，其符号为K。——译者注

的一个：假设你把一杯水中的分子都做上标记，然后把这杯水倒入大海中，搅拌均匀，让这些被标记的水分子均匀地分布到地球上的七大洋之中；在这之后，如果我们从大海任何一处舀出一杯水来，我们仍然会发现这杯水中有100个之前被标记的分子[1]。

原子的实际大小在黄色光波长的1/5000~1/2000之间。[2]这个比较是很重要的，因为波长的大小大致暗示了显微镜仍能够分辨的最小颗粒的尺度，因而可知在光学显微镜下可分辨的最小颗粒中仍然包含了数十亿原子。[3]

那么，原子为什么这么小呢？

显然，我们不能直接给出回答，因为它不仅仅和原

---

1. 当然，你不太可能在这杯水中正好找到100个分子（即使计算的结果正是100）。你可能会找到88个、95个、107个或者112个，但被标记过的分子的数量不太可能少于50个，或者多于150个。实际找到的分子数量，与计算值的“偏差”或者说是“涨落”，差不多是100的平方根，即10左右。统计学家使用100±10来表示这一结果。现在，你可以先不管这些。稍后，当我们讲到统计学上的“$\sqrt{n}$定则”时，我们还会遇到这个例子。
2. 根据近来的一些看法，一个原子并没有明确的边界。因此，原子的“尺寸”并不是一个定义明确的概念。不过，我们仍然可以通过固体或液体中相邻原子中心的间距来确定它（至少是找到其替代概念）。当然，上述定义的方法对气体是不适用的。在常温常压下，气体中的原子间距，比固体和液体中的大约要大10倍。
3. 一般人的眼睛可以感知的电磁波的波长的范围为400~760纳米，其中黄色光的波长范围为560~590纳米。——译者注

子的尺寸有关，而且跟生物体，尤其是和我们人类自己身体尺寸大小有关。事实上，相比于我们日常使用的单位，比如码[1]和米作为量度时，原子确实很小。在原子物理的领域，人们习惯于用“埃”来（简记为Å）进行度量。1埃为1米的负10次方，以十进位小数来表示即为0.0000000001米。[2]原子的直径在1~2埃之间。这些日常单位（相比之下原子是如此之小）是和我们的身体的尺寸息息相关的。例如，“码”的起源就和一位英国国王的幽默故事有关。国王的大臣问他该用什么度量单位。他侧着举起自己的手臂说道：“从我的胸口到指尖的距离作为单位就正好。”不管这个传说故事是真是假，它都告诉我们一个重要的道理：这位国王自然而然地就选择了可以与他身体相比的长度作为单位，因为他知道，选择其他的长度尺度作为单位将会非常不方便。不管物理学家如何偏爱“埃”这个单位，当他要做新西服的时候，也

1. 码（yard），英制长度单位，1码=0.9144米。——译者注
2. 在国际单位制中，描述微观尺度的另一个常用单位是纳米（简记为nm），$1nm=10^{-9}m=10Å$。在薛定谔的原文中，当他提到“纳米”这个长度单位时，常常会说成“毫微米”（millimicron），这种说法现在已经不再使用，本书全部统一为“纳米”。在纳米尺度（1~100纳米）的颗粒中，通常只有几百个或几千个原子，而研究、控制、设计和应用这些纳米尺度的微观系统的学科则统称为纳米科技，这一概念在20世纪70年代被提出。——译者注

显微镜的分辨率

通常由于存在光的衍射，一个理想“物点”经光学系统成像不可能得到一个理想的“像点”，而是会形成一个弥散图形。显微镜的分辨率是指物体在经过显微镜的光学系统成像之后，像点之间能被分辨的最小距离，大于这个距离的两个像点就能被正确识别为两个点，而小于这个距离的两个点经过光系统后只能被识别为一个点。通常，光的衍射极限决定了光学系统的分辨率，这个分辨率与光的波长成正比，因此薛定谔说“波长的大小大致暗示了显微镜仍能够分辨的最小颗粒的尺度”。

高速运动的电子作为一种物质波，其波长（约0.2纳米）远比可见光的波长短，可以利用电子显微镜来观察那些用普通显微镜所无法分辨的细微物质结构。目前，电子显微镜已经成为物理、化学、材料科学、生命科学等诸多领域中不可缺少的重要工具。

另外，需要指出的是，尽管衍射效应导致光学显微镜的分辨率存在极限，但这并不意味着我们无法通过其他方法提高显微镜的分辨率以看到超越分辨率的精细结构。近年来，超分辨显微成像技术迅猛发展。2014年，贝齐格（Eric Betzig，1960—　）、黑尔（Stefan Walter Hell，1962—　）和莫纳（William Esco Moerner，1953—　）三位科学家就因为在超分辨率荧光显微成像技术方面的重大贡献而荣获诺贝尔化学奖。

还是希望听到用料是六码半的粗花呢布[1]，而不是650亿埃的粗花呢布。

因此，我们真正想讨论的问题其实是两个长度——我们身体的尺度与原子的尺度——之间的比例。毫无疑问，原子可以作为一种独立的实体存在，由此引出了我们真正的问题，那就是：为什么我们的身体需要比原子大那么多？

我可以想象，许多聪明的物理或者化学专业的学生都可能对我们身体的各种感觉器官感到有些遗憾：我们的每种感觉器官是我们身体重要性各不相同的组成部分，然而根据我们在前文中所讨论的身体与原子的尺度比例来看，每种器官都是由无数原子组成的，它们感受不到单个原子的碰撞，从原子尺度上来看，我们的这些感觉器官都太粗糙了。对我们来说，单个原子看不见、听不到、摸不着。我们虽然假设原子存在，但原子实在太不同于那些我们粗大迟钝的感觉器官所能直接发现的东西，我们也不能通过自己直接的感官来证明原子的存在。

必须是这样吗？背后是否有其他内在原因？是否可

1. 粗花呢布（tweed）是原产于英国苏格兰地区的一种织品，由苏格兰羊毛手工纺制而成，织前将纱线染成各种颜色，并加上细小的色彩图案。——译者注以用某种第一性原理[1]来解释为什么人的感官非得与大自然的规律如此不协调?

我们终于遇到了一个物理学家可以解决的问题，而且上述所有问题的答案都是肯定的。

1.5 生命体的活动需要遵循精确的物理定律

如果生物体的感官没有那么迟钝，而是敏感到单个原子，或者少数几个原子的变化都能在我们的感官上留下可察觉的印象，天哪，那我们的生活将要变成什么样！[2]我必须强调，那样的生物基本上是不可能发育出有序思维的能力的。正是这种有序思维，经过了早期一系列漫长的演变，最终形成了各种各样的观念，其中也包括“原子”这样的概念。

接下来，我的讨论主要将围绕“思维”这一主题，

---

1. 第一性原理（first principle），指的是一个学科中的一些最基本的原理或者假设，该科学的各种推论都建立在这些基本原理之上。例如在经典力学中的牛顿三定律就可以看成是第一性原理，它们的地位相当于数学中的公理。——译者注
2. 最新的研究结果表明，薛定谔在这里的感慨并不完全正确，事实上，生物的许多感觉器官是极其灵敏的，例如我们的眼睛甚至可以感受单光子的刺激。不过，薛定谔在这里的讨论思路仍然是非常值得参考的。——译者注

但这些讨论本质上也能解释大脑和知觉系统之外的其他器官的功能。不过，我们人类对自身唯一最感兴趣的一点还是我们的感觉、思考和认知。至少从人类的角度来看，与那些负责思考和感知的生理学过程相比，其他任何生理学过程都处在辅助地位——虽然从纯粹客观的生物角度来看，这种看法有可能不太正确。而且，这将为我们研究那些与主观感受密切相关的过程提供了重要的帮助，哪怕我们对这些客观事物和主观感受之间密切的平行对应关系的本质一无所知。其实，我觉得这恐怕已经超出了自然科学的范畴，甚至可能已经超出了人类对全部世界的了解。

于是，我们要面对接下来的问题：像人类大脑这样与感觉系统相连的器官，为什么必须由不计其数的原子组成，才能使得其物理状态的变化可以和某种高度发达的思维紧密联系在一起？大脑无论在整体上，还是其与环境直接作用的周围部分，[1]都与那种足够精巧、敏感并

---

1. 薛定谔在这里的用词是“peripheral”，在神经科学中，这一用语对应的是除脑和脊髓（中枢神经系统）之外的外周神经系统（peripheral nervous system）。外周神经系统担负着与身体各部分的联络工作，经由此系统，外周感受器和中枢神经系统之间产生了连接。在计算机科学中也有类似的说法，此时“peripheral”指的是计算机的“外设”，即一台计算机除主机外的其他硬件设备，尤其是显示器、键盘、鼠标、打印机、耳机等输入输出设备。——译者注

且能对外界单个原子的碰撞做出记录和反应的机械不能相比，为什么会这样？

原因有两个。其一，我们所谓思维本身就是一种有序的东西；其二，思维只能建立于感知或经验的材料之上——这两者在某种程度上也是有序的。这将导致两个结果。首先，与思维紧密相关的身体组织（如与思维伴随着的大脑）必定是一个极其有序的组织。这意味着，在它当中所发生的事情，必须严格遵循物理定律，而且至少要达到一定的精度。其次，外界其他物体对这个极其有序的物理系统施加的物理影响，显然就对应于感知和经验，它们构成了我所说的思想的材料基础。因此，一般说来，这个系统与外界其他物体的物理相互作用也应当具有某种程度的物理秩序，换句话说，它们也应当遵循严格的物理规律，并达到一定的精度。[1]

1. 薛定谔这里的说法体现了某种“人择原理”，根据人择原理。作为研究客体的宇宙，和作为观察者（认知主体）的人类是互相匹配的，它们都遵循物理定律。——译者注

1.6 物理定律基于原子的统计，因而只是近似

试想这样一种有机体，它们仅由少量原子构成，且能敏感地感受到单个原子或者少数原子的碰撞。为什么这种有机体是无法实现的呢？

因为我们知道，原子时时刻刻都在发生着毫无秩序的热运动。也就是说，这种热运动会抵消体系的有序行为。因此，少数原子的行为，不会表现出任何明显的规律。只有在庞大数量的原子的集体行为中，统计规律才能开始起效，并且精确控制这些集合体的行为，涉及的原子数量越多，规律的精确度也就越高。观测到的事件正是通过这种方式才真正变得有序。在有机体的生命中，所有扮演重要角色的物理和化学规律都具有这种统计属性；而人们能想到的其他规律和秩序，则会被永不停止的原子热运动所干扰，导致无法起作用。[1]

---

1. 的确正如薛定谔所说，生物体内的各种物理化学规律“都具有这种统计属性”，但这种统计属性的实现形式可能会非常不同。例如有的生物化学反应涉及大量分子的参与，要刻画这些反应，需要用到经典的平衡态统计物理以及相关的热力学。然而，生物体内也有许多反应只涉及少数几个分子的参与，这些小系统中包含的粒子数较少，因此有非常明显的涨落，要描述这些反应，则需要用到非平衡统计物理以及相关的热力学。——译者注

1.7　物理规律的精度基于大量原子的参与——第一个例子（顺磁性）

我将试着从成千上万的事例中挑选几个来进行说明，这些例子或许不一定能引起初次接触这些概念的人的兴趣。在这里，我们探讨的都是现代物理学和化学中的最基本概念，就好比生物学中的“生物体由细胞组成”，天文学中的牛顿定律，甚至是数学中的1，2，3，4，5等一系列整数这些基本的事实。如果完全是一个初学者，请别指望通过下面寥寥数页内容，就能全面理解并领会这门由路德维希·玻尔兹曼和威拉德·吉布斯这样的杰出的人物所开创的学科，在教科书中，这门学科

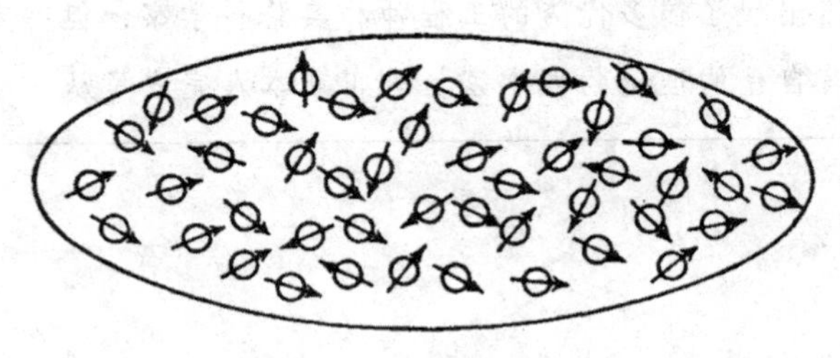

图1　顺磁性

吉布斯、玻尔兹曼和统计物理的诞生

吉布斯（Josiah Willard Gibbs，1839—1903），美国科学家，统计物理学和物理化学的奠基人。在19世纪70年代，吉布斯用图解的方式展示了在热力学过程中，体积、压力、温度、能量和熵等热力学状态函数的变化情况。吉布斯还在论文中提出了他对于热力学现象的统计解释，提出了“统计力学”这个名词（也被称为“统计物理”），也提出了吉布斯自由能、化学势等物理化学中的基本概念。吉布斯的登场预示着美国终于开始在科学的舞台上占有一席之地。在吉布斯之前，几乎所有的重要科学发现都出现在欧洲，美国虽然出现了很多优秀的工程师和实验科学家，但一直没有自己的理论物理学家。吉布斯本人完成了从一个工程师到顶尖的理论物理学家的转身，并启迪了一个时代的学术发展。

玻尔兹曼（Ludwig Eduard Boltzmann，1844—1906），奥地利物理学家、哲学家。玻尔兹曼是一位笃信原子的人，他发展了分子运动论，阐明宏观热力学现象背后的微观机制。在玻尔兹曼的时代，当时许多物理学家并不像他一样深信原子和分子的切实存在，这导致玻尔兹曼不得不长期与其他物理学家以及物理学刊物的编辑发生争论，这或许导致了玻尔兹曼严重的抑郁和自杀倾向。1906年，玻尔兹曼因长期罹患精神疾病，在度假期间自缢身亡，他去世之后，分子运动论得到了科学界的广泛承认。

被称为“统计热力学”。

如果在一个长方形的石英管中充满氧气，并把它放在磁场里，你就会发现气体被磁化了[1]。这种磁化是因为氧气分子是微小的磁体。它们就像指南针一样，倾向于沿着平行于磁场的方向排列。不过，你可不能认为它们会完全地平行排列，因为如果把磁场强度翻倍，氧气的磁化强度也会翻倍，更多的氧气分子磁体趋向于这个方向。磁化强度随着磁场强度的增加而增加，这种正比规律可以一直保持到非常高的磁场强度下。

这个例子清晰地表明，磁化现象完全是统计规律。在外磁场下，氧气分子倾向于整齐排列的过程，正持续不断地受到热运动的反抗，因为热运动会导致随机的取向。这两者相互竞争的结果就是，氧气分子磁偶极矩的方向与外加磁场的方向之间的夹角成锐角的可能性会比成钝角稍高一些。尽管单个分子会持续不断地改变空间取向，但由于其数量庞大，从平均上来看，沿着外加磁场的方向会出现一个微小的优势，并且正比于外加磁场的强度。提出这个巧妙解释的是法国物理学家保罗·朗

---

1. 在这里选择一种气体作为例子，是因为它比固体或者是液体在研究上更加简单。事实上这种情况下的磁化是非常微弱的，但是并不影响我们从理论角度讨论这一问题。

之万[1]。我们可以用以下方法来检验上述解释。如果实验观测到的微弱的磁化强度是因为外加磁场希望使所有分子平行排列，从而对抗因热运动产生随机的取向，那么，除了增强外磁场外，通过减弱热运动，即通过降温的方法应当也可以增强磁化强度。实验已经证明了这一点。磁化强度和绝对温度成反比，与理论预测（居里定律[2]）定量地吻合。现代的仪器设备甚至允许我们通过降低温度，极大限度地减小热运动。在这种情况下，即使氧气分子的磁场取向还不算百分之百一致，也至少能够非常接近"完全磁化"的状态。这时，我们不再期望外加磁场强度的加倍能够使磁化强度加倍；随着外加磁场的增加，磁化强度将会增长得越来越慢，直至所谓"饱和"。这个预期的现象也被实验定量验证了。

要注意的是，这种行为的出现完全依赖于数量庞大的分子一起参与到可观察的磁化现象中。否则，磁化就

1. 朗之万（Paul Langevin，1872—1946），法国物理学家，朗之万在物质的顺磁性和抗磁性领域做出过重要的贡献。在统计物理领域，他的主要贡献还包括以他的名字命名的"朗之万方程"。——译者注
2. 居里定律是指在相对高温及弱磁场的条件下，顺磁性材料的磁化强度大致与施加的外界磁场强度成正比，与温度成反比。居里定律是由法国物理学家皮埃尔·居里（Pierre Curie，1859—1906）在实验中发现的。1903年，皮埃尔·居里和他的夫人玛丽·居里（Maria Skłodowska-Curie）由于放射性物质镭的研究获诺贝尔物理学奖。——译者注

根本不会是恒定的，而会发生无休止的不规则涨落。这是热运动和磁化两种效应相互竞争对抗的明显证据。

1.8　第二个例子（布朗运动[1]，扩散）

如果从一个封闭的玻璃瓶的底部注入由小液滴组成的雾气，你会发现，雾气的上边界会以一定的速度逐渐下沉。这个速度的大小取决于空气的黏度、液滴的大小及其相对密度。不过，如果我们在显微镜下仔细观察其中的一滴液滴的运动，我们会发现它并不是以恒定的速度下沉，而是在做一种十分不规则的运动，即所谓布朗运动。只有大量液滴集体运动形成的平均效果，才对应于一种有规则的下沉。

虽然这些液滴不是原子，但它们极其轻盈且细小，足以感受到单个分子撞击其表面产生的冲击力。因此，它们每个个体都在不断被撞来撞去，只在平均效应上才显得遵从重力的影响。

这个例子说明了，如果我们的感官也能感觉到少

1. 布朗运动（Brownian motion）是指悬浮在液体或气体中的微粒所做的永不停息的无规则运动，因为该现象最早由英国植物学家罗伯特·布朗（Robert Brown，1773—1858）所发现而得名。——译者注

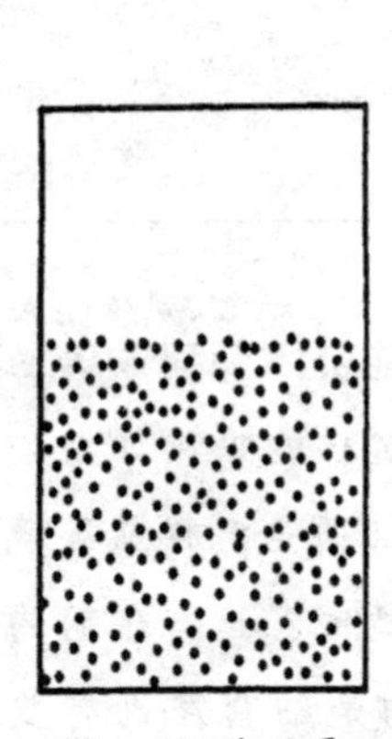

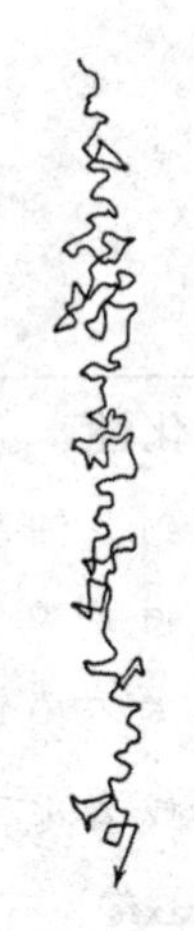

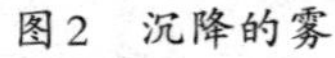

图2　沉降的雾　　　　图3　下沉微粒的布朗运动

数几个分子的影响，我们将会有多么古怪而又混乱的体验。一些细菌和其他一些生物体，由于其非常微小，以至于它们会受到这种现象的强烈影响。它们的行动取决于周围环境中的物质的热运动，而它们自己则对此别无选择。如果它们自身能够运动的话，仍然可以从一个地方运动到另一个地方——但这并非易事，由于受到热运动的干扰，它们便如同波涛汹涌的海面上的一叶扁舟。

扩散现象与布朗运动十分类似。假设有一个容器装满了液体，比如水，我们在其中溶解少量的有色物质，

细菌的趋化性

薛定谔提到，细菌的运动可能会“如同波涛汹涌的海面上的一叶扁舟”，真的是这样的吗？如果细菌的运动如此充满不确定性，那么细菌是怎样从环境中找到营养物质或者逃离有害物质的呢？这与细菌的趋化性（chemotaxis）有关，它指的是细菌靠近有益化学梯度或远离有害化学梯度的一种有倾向性的运动，这种趋利避害的行为是生命得以生存的基础。细菌的趋化运动是通过化学感受器检测化学梯度，经由细菌体内的分子马达提供动力来实现的。

以大肠杆菌为例，其运动由其鞭毛马达所驱动，它们可以通过位于细胞膜的一些受体分子感知周围环境的变化。这些受体可以感应环境中特定分子的浓度梯度，并可以将信号传递给下游的其他蛋白质，其他蛋白质分子（如CheY蛋白等）会发生磷酸化，从而改变鞭毛马达转动方向的概率。由于大肠杆菌的鞭毛本身具有螺旋结构，当鞭毛逆时针运动时，鞭毛会聚集为一束，从而驱动大肠杆菌“前进”（run），而鞭毛顺时针转动时，大肠杆菌则会发生“翻滚式的”（tumble）运动。通过在“前进”和“翻滚”两个状态之间的切换，大肠杆菌不仅可以沿着一定的方向前进，也可以通过三维随机运动改变前进的方向。随着鞭毛马达转动方向的改变，细菌可以减少随机翻滚频率，并沿着物质浓度梯度方向，朝着该物质浓度最高的区域前进，反之，细菌则会远离这种物质。

比如高锰酸钾，使其不均匀地分布在液体中，如图4所示，小圆点代表了溶质分子（高锰酸根离子[1]），其浓度则从左到右逐渐降低。如果你将这个系统静置在那里，一个非常缓慢的“扩散”过程就开始了。高锰酸根离子会从左向右散布开去，从浓度高的地方转移到浓度低的地方，直到其在水中均匀分布。

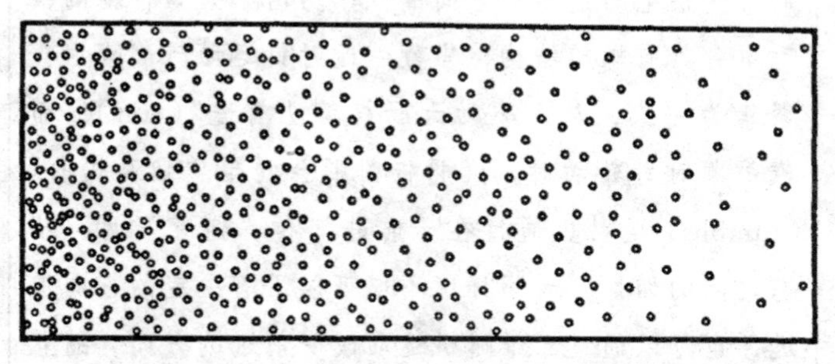

图4　在不均匀浓度的溶液中，溶质发生从左侧到右侧的扩散

这个过程十分简单，看起来似乎也不太有趣，但

1. 高锰酸钾溶于水呈现紫红色。根据化学原理，高锰酸钾等电解质在溶于水后，可以部分或者全部解离为离子。高锰酸钾是一种强电解质，在溶液中几乎可完全电离成高锰酸根离子和钾离子。在原文中，由于薛定谔只是粗略地讨论这种扩散现象，他没有具体区分“高锰酸根离子”或者“高锰酸钾分子”。当然，这种表达是不够准确的。为避免误导读者，在翻译中，我们对“离子”和“分子”做了仔细的区分，不过在日常讨论关于扩散问题时，这种区分并不重要。——译者注

它却有着重要的意义。也许会有人认为，高锰酸根离子在某种趋向或力量的驱使之下离开稠密区，迁移到稀疏区，就如同一个国家的人口会迁移到活动空间更大的地方。然而每一个高锰酸根离子都在非常独立地运动着，相互之间很少会发生碰撞。它们当中的每一个离子，无论是在拥挤还是稀疏的区域，都受到水分子持续不断的撞击，缓缓地向着我们不可预测的方向移动——有些往浓度高的地方去，有些则向浓度低的地方去，有些则斜向运动。这类运动经常被类比成一个眼睛被蒙住的人在开阔的空地上“行走”，他没有任何方向上的偏好，因此不断改变着自己行走的方向。[1]

虽然每个高锰酸根离子都在进行着随机行走，但它们在总体上却产生了一种有规则的持续流动，由高浓度区域流向低浓度区域，最终使得溶液的浓度呈现均匀分布。乍一看，这个结果令人费解——不过稍加思考，你就会明白其中的奥秘。如果你把图4看成由许许多多浓度处处相同的纵向切片组合而成。那么，在某个特定时

---

1. 即所谓随机行走（random walk），也常常被译作“随机漫步”。随机行走理论在各种不同的学科中有许多应用，例如在物理和化学中用来模拟分子在液体或气体中扩散的路径，在生态学中用来描述动物搜索猎物的路径，在金融中描述波动的股票价格等。——译者注

刻，某个切片中的高锰酸根离子确实都在随机行走，而且朝左走或者朝右走的概率是相同的。正因为如此，在分隔两个相邻切片的平面上，从其左侧过来的高锰酸根离子会更多，而从右边过来的则少一些。这是因为，相比于其右侧的切片，左侧的切片中有更多的离子在参与随机行走。只要是这种情况，从整体上来看，就会呈现出溶质粒子从左到右的规则流动，直到浓度达到均匀分布为止。

如果用数学语言来表达上述分析过程，那扩散的规律可以严格地用以下的偏微分方程来表示：

$$\frac{\partial \rho}{\partial t} = D \nabla^2 \rho$$

不过我不打算给读者解释太多，免得徒增麻烦，虽然其实用普通语言来表达这个方程的含义也很简单[1]。我之所以强调这个规律在“数学上精确”，是为了强调，并不能保证规律在每个独特的场景中都具有物理学上的

1. 任意一点上的浓度值都在随时间的变化而增加（或减少）。而在无限靠近这个点的周围环境中，那里的浓度也会比这个点上的浓度更多（或者更少）一点。这一点上的浓度随时间的变化率，就正比于它在空间上和周围环境的浓度差。顺便提一句，热传导定律也拥有完全相同的形式，只是“浓度”需要被替换为“温度”。

精确性。[1]扩散是纯粹随机的，因此上述方程只是近似有效。一般说来，如果它是一个非常好的近似，那也只是因为参与这种现象的分子数量巨大。如果参与的分子数量越少，我们一定会预期，该现象的随机偏差会相应地越大——而且在合适的条件下，这些偏差是可以被观测的。

1.9 第三个例子（测量精度的极限）

我要举的最后一个例子和第二个例子很相似，不过它也有特别之处。设想有一个很轻的物体被挂在一个长细丝上，处于平衡取向，在电力、磁力和万有引力等外力的作用下，物体会偏离平衡位置，并沿着垂直轴发生扭转，物理学家常常以此来测量微小的力。[2]（当然，我们需要根据不同的实验目的，选择合适的微小物体。）科学家们持续不断地致力于提高“扭秤”这种常用仪器的

---

1. 扩散方程可以用来描述扩散现象中的物质密度的变化，也可以用来描述其他与物质扩散类似的现象，例如热对流、神经细胞的动作电位以及某种等位基因在群体中的扩散等。——译者注
2. 薛定谔在这里介绍的是著名的“扭秤实验”，通过这一原理，法国科学家库仑（Charles-Augustin de Coulomb，1736—1806）发现了两个点电荷之间的静电力呈现出距离平方反比的规律；英国科学家卡文迪许（Henry Cavendish，1731—1810）利用扭秤验证了牛顿万有引力定律，并测出了引力常量。——译者注

测量精度，不过他们却遇到一个让人好奇的测量精度极限。这个极限本身非常有趣：为了让扭秤能够感受到更弱的力，需要使用更轻的物体和更细、更长的丝；可如果悬挂着的物体敏锐到能够感受到周围分子热运动的冲击，它就会开始在平衡位置附近不停地做无规则“舞动”，就好像第二个例子中无规颤动的液滴那样。尽管这种现象理论上并没有绝对限制测量的精度，但它却在操作层面上决定了精度的极限。[1]不可控的热运动和待测量外力的效果相竞争，这使得每次测量到的偏移变得没有意义。你必须进行多次观察，才能减轻布朗运动对仪器的影响。我认为，这个例子对我们现在所讨论的生命问题是极具启发性的。因为我们的感觉器官其实就是一种仪器。如果它们变得太过敏锐，将会变得多么没用。[2]

1. 这句话可以理解为：在理论上，我们仍然可以在绝对零度进行扭秤实验，但在实际操作上是无法实现的。——译者注
2. 薛定谔想表达的意义是，如果我们的感觉器官过于敏感，太容易受到周围环境的细微干扰，那么它将无法为我们提供有效的信息。不过，生物通常可以在“避免干扰”和“敏感地感受外部环境”之间达成平衡。例如，我们可以听见窗外的雨声，而当雨声连绵不绝时，我们又可以过滤掉这种背景噪声。类似地，如我们的嗅觉，当我们闻到有异味的物体时可以迅速反应，然而当环境中全是这种有异味的物体时，正如古人所说的“如入鲍鱼之肆，久而不闻其臭”。另外需要注意的是，生物在某些特殊情况下也可以极其敏锐地感受外界环境，例如生物的眼睛甚至可以感受到单个光子的作用。——译者注

1.10 $\sqrt{n}$ 定则

关于例子的讨论到这里告一段落。需要指出的是，可以作为例子的物理学和化学定律还有很多，我并没有想要刻意避开任何一个，它们都与生命以及生命和环境的相互作用密切相关。有些例子的细节可能更复杂一些，但问题的关键点始终是相同的，如果再要举例说明的话，那就显得有些千篇一律了。

不过，我还是应该在这里再定量地阐述一下物理学定律的不准确度范围，也就是所谓$\sqrt{n}$定则。我将首先用一个简单的示例展示这一定则，然后对其结果进行推广。

如果我告诉你，某种特定的气体在给定压力和温度的条件下有一个特定的密度，或者换句话说，在这种气压和温度下，特定体积（与实验相关的一个单位体积）中会存在n个气体分子。不过，在任何一个特定的时刻，如果检验我的上述说法，你可能会发现它不够精确。粒子数目的偏差大约在$\sqrt{n}$的量级。也就是说，如果n=100，你就会发现大约10的偏差，相对误差为10%。而如果n=100万，你则会发现大约1000的偏差，相对误差为0.1%。粗略来说，这个统计规律具有普遍性。物理学和物理化学的定律的不精确度大约就在$1/\sqrt{n}$的相对误差范围内，其中的n是指在理论和实验的研究中，为了能在特定的时间和空间范围使得该定律生效而参与的分子的总数。[1]

因此，你可以再次看到，生命体必须有一个相当巨大的结构，才能保证其可以受益于这些精确的定律，这对生命体内的活动，以及生命和外界的相互作用来说都是有利的。否则，如果参与的粒子数量太少，“定律”就显得太不精确了。这里的关键就在于这个平方根，虽然一百万个粒子看起来是个相当大的数字，但其所对应的精确度也就只有千分之一。若是要求人们承认某个规律具有“自然定律”的崇高地位，这样的精确度仍然显得不够。

---

1. $\sqrt{n}$定则的数学基础是大数定律（law of large numbers），包含一系列强弱程度不同的数学定理。简而言之，大数定律是描述多次重复实验的结果的定理。根据该定律，样本数量越多，那么样本的算术平均值就有越高的概率接近期望值；在重复实验中，随着实验次数的增加，事件发生的频率趋于一个稳定值。——译者注

第二章 遗传机制

存在是永恒的：因为自然的律法
让生命的宝藏，繁荣在其荫蔽下。
宇宙用这些宝藏为自己化妆。

——歌德[1]

2.1 经典物理学家的一个重要假设是错误的

根据前文的讨论，我们可以得出如下结论：生物体以及相关的所有生命活动过程，不仅必须是极端“多原子”的体系，而且必须防止随机的“单原子”事件产生太

1. 歌德（Johann Wolfgang von Goethe，1749—1832），德国诗人、剧作家。薛定谔在这里引用的是歌德1829年的诗歌《遗产》（*Vermächtnis*）第一节部分诗句的德语原文，这首诗也是歌德人生中最后的一首诗。这里我们按照德语原诗的断句和押韵重新进行了翻译。——译者注

大的影响。“天真的物理学家”告诉我们，这件事至关重要。只有这样，生物体才可以说拥有足够精确的物理规律，并在此基础之上开展极其规则和有序的活动。那么，从生物学的角度来说，这些先验的（即从纯粹物理学的视角而得出的）结论，能否与真实的生物现象相吻合呢？

乍一看，人们可能倾向于认为这些结论显然成立。虽然在公众演讲中强调统计物理在生物学和其他领域的重要性仍然非常必要，但上述结论无疑是老生常谈。早在30年前，生物学家们可能已经讲过这一点。事实上，对任何高等生物的成年个体而言，不仅是它的整个躯体，哪怕只是考虑组成其躯体的一个细胞，都拥有“天文数字”般的多种原子。我们所观察到的每一种特定的生理学过程，都涉及如此众多的原子和单原子过程。无论是细胞中的过程，还是细胞与环境的交互，都是如此，而且可以说，这些我们在30年前就知道了。这样，所有与之相关的物理学和物理化学规律，就都能满足统计物理学对于“大数”的严格要求，亦即我刚才阐述的$\sqrt{n}$定则的要求。

现在，我们已经知道这个结论是错误的。正如我们即将看到的，在生物体内有一些非常小的原子团，虽然它们的数目小到不能遵循统计的规律，但是它们仍然在一个器官的正常有序的运行中发挥着重要的作用。[1]它们控制着生物在生长发育的过程中获得的、可观察的大尺度特征，它们决定着生物功能的重要特性，总的来说它们都表现出极其准确且严格的生物学规律。

在这里，我必须对生物学，特别是遗传学的最新发展进行一些简单总结。尽管这不是我的专业领域，但总结一下这个领域的现状是有必要的。作为一名外行，我应该为我的一知半解深表歉意，尤其要对生物学家表示歉意。另一方面，考虑到这些生物学现象来源于大量的实验证据，其中不仅包括大量经过长时间的积累的极其巧妙的繁育实验[2]；也包括那些使用最精良的现代显微镜对生物细胞进行的直接观察，因此请别太指望一个知识有限的理论物理学家能对实验证据做一个全面的调研，所以请允许我以多少有些死板的方式向你们陈述当前的主流观点。

---

1. 薛定谔在这里想要说的主要是指生物体内的遗传物质（染色体），它们并不满足大数定律的要求，这也是本节的标题为“经典物理学家的一个重要假设是错误的”的原因。——译者注
2. “繁育”（breeding）一词包含繁殖、培育、育种等多重含义。这里所提到的“繁育实验”包括奥地利生物学家孟德尔（Gregor Johann Mendel，1822—1884）的豌豆杂交实验以及美国遗传学家摩尔根（Thomas Hunt Morgan，1866—1945）的果蝇杂交实验等，在本书第3.6节中对孟德尔实验还有更详细的介绍。——译者注

2.2 遗传的密文（染色体）

请允许我接下来讨论生命有机体的所谓“斑图”（pattern），生物学家所说的“四维斑图”[1]的概念不仅包含生物体在成年或者任何其他特定生命阶段的结构和功能，而且包括生物体自我复制的整个过程，即从受精卵直到性成熟的个体发育过程。现如今，我们已经知道，整个四维斑图是由受精卵所决定的，更进一步来说，它是由受精卵中很小的一个部分所决定的，即所谓细胞核。细胞核在细胞正常的“休息状态”下，通常表现为网状的染色质[2]，分散在细胞内。[3]但是在对生命活动非常关键的细

---

1. 这里的“四维”是指三个空间维度以及一个时间维度，而“斑图”可以简单理解为模式或者图样（形态结构）。“四维斑图”即在时间和空间中出现的不断变化，但又呈现出一定规律的生物形态、结构和功能的模式。——译者注
2. 这个词的含义是指“染色的物质”，即在显微技术中可以通过某种染色过程对其进行染色的物质。
3. 染色质（chromatin）是指细胞在分裂间期（即薛定谔所说的“休息状态”）遗传物质存在的形式，其中包含DNA、组蛋白、非组蛋白及少量RNA。需要注意的是，薛定谔所说的“网状”结构并不准确，这与当时生物学家对遗传物质缺乏了解有关。在当时，尽管科学家们已经认识到染色体是遗传的物质基础，但仍然不确定染色体的主要成分，许多人仍然认为遗传物质应当储存在蛋白质中。现在我们知道，染色质主要由DNA构成，而DNA是一种长链状结构，因此，更准确的表达应该是：染色质是一种“线性复合结构”。——译者注

胞分裂过程中（有丝分裂和减数分裂，见下文），它们则呈现为纤维状或者棒状的结构，这些结构被称为染色体，它们看起来由大量粒子[1]构成。细胞核中的染色体，有的是8条，有的是12条，对于人而言是46条，但是我应该把这些数字写成2×4，2×6，…，2×23，…[2]用现代生物学家的常用术语来说，它们可以被分为两个染色体组。虽然在同一组内的两条不同的染色体通常具有足以辨认的不同形状和大小，但是这两组染色体却几乎一模一样。我们马上就会提到，这两组染色体一组来自母亲（卵细胞），一组来自父亲（精子）。这些染色体，即我们在显微镜下观察到的轴状骨架纤丝，包含用某种密码写成的完整斑图，指导着生物个体未来的生长发育，控制着生物个体成熟之后的所有功能。这些模式是以某

1. 薛定谔在这里所说的“大量粒子”应该是指所谓“核小体”结构。核小体是由DNA和组蛋白形成的染色质基本结构单位，染色质就是由一连串的核小体组成。——译者注
2. 人类拥有23对不同的染色体，其中22对属于常染色体，另外还有1对决定生物生理性别的性染色体，分别是X与Y染色体。在原书中，薛定谔搞错了人的染色体总数，我们在翻译中进行了修正。——译者注

种加密的形式写成的密文[1]，其中每一组完整的染色体都包含整套密文，因此，受精卵中包含两份遗传密文。整个生物体则是由受精卵发育而来。

在将染色体纤丝称为"遗传密文"时，我们不妨设想一个全知全能的大脑，它能对世间所有的因果关系都了如指掌，这种全知全能的大脑与拉普拉斯的设想一脉相承[2]，倘若有这个大脑，那它就能从染色体的结构中得知，一个受精卵在合适的条件下会发育成黑公鸡还是花

1. "密文"是指加密的文字，书中薛定谔的原文为"code-script"，直译为"用密码编码的整套脚本（剧本）"。需要注意的是，这里所说的"遗传密文"跟我们现代常说的"遗传密码"是不同的。我们现在所说的"遗传密码"也称为"三联体密码"，它指的是一组将DNA或RNA序列转译为蛋白质的氨基酸序列的规则，可以通过"遗传密码"破译整套"密文"，即将遗传信息转录翻译为蛋白质。另外需要指出的是，薛定谔在这里所说的"遗传密文"包含更多的内容，我们可以将它理解为"全部的遗传信息"，这其中不只包含那些直接转录翻译为蛋白质的基因，也包含与生物的遗传、发育、衰老过程相关的各种生物信息以及调控机制。——译者注
2. 这一思维模型最早是由法国数学家、物理学家拉普拉斯（Pierre-Simon Laplace，1749—1827）在1814年提出的。拉普拉斯坚信"决定论"，因此他提出了这样的设想：假如一位智者（即薛定谔所说的"大脑"）可以知道某一时刻所有驱动物体运动的力以及所有物体的位置和速度等信息，假设他也能对这些数据进行分析和计算，那么他就可以用牛顿定律来了解宇宙中所有事件的演化过程，知道所有的过去以及未来。受到另一个重要的思维模型"麦克斯韦妖"（Maxwell's demon）概念的影响，拉普拉斯提出的这个全知全能的"大脑"后来也被称为拉普拉斯妖（Laplace's demon）。——译者注

斑图形成

斑图是在空间或时间上具有某种规律性的宏观结构，普遍存在于自然界中。在空间中出现的斑图可以直观理解为某种“图案”或者“斑纹”，在生物生长、发育乃至聚集的过程中常常伴随各种规则结构的出现，例如斑马身上的斑纹、贝壳上的纹路、植被在空间中的分布等都表现出一定的规则。这些结构不仅是在空间中呈现出规律，在它们的形成过程中，往往在时间维度上也表现出一定的规律。

斑图形成目前已经成为非线性科学领域的一个重要分支，在物理学、化学、生物学、生态和环境等领域都有许多应用。在生物学领域，斑图形成（pattern formation）保证了生物的组织和器官在正确的时间、正确的位置和方向上发育。薛定谔在这里引用了其他生物学家的观点，把遗传信息视为一种“四维斑图”。这种观点其实非常先进。

母鸡、苍蝇还是玉米、杜鹃花还是甲壳虫、老鼠还是女人。再补充一点，卵细胞的样子通常都很相似；即使有些鸟类和爬行动物会产下巨大的蛋，但这种区别只存在于营养物质上，而且这种区别的产生理由也显而易见，在与密码有关的结构上的差别并没有像营养物质的差别那么大。[1]

当然，“密文”一词的含义太局限了。染色体的结构不仅预言了生命的样子，也在其发育过程中起重要意义。它们既是法律条文，也是执法机关。换句话说，是建筑师的设计同建筑工人的技艺的统一。[2]

---

1. 卵生生物在发育的最初阶段就已经与母体分离，发育所需的营养物质都累积在受精卵中，因此需要较大的蛋。而胎生生物（大部分哺乳动物）的受精卵会在母体内的子宫内发育成熟，在胚胎发育的过程中，胎儿可以通过胎盘和脐带吸取母体血液中的营养物质和氧，并将代谢废物送入母体排出，直至出生为止。因此，胎生过程不需要巨大的卵细胞，母体已经为发育的胚胎提供了保护、营养以及稳定的恒温发育条件，最大限度降低外界环境条件对胚胎发育的不利影响。——译者注
2. 现代遗传学认为，细胞核中的DNA只负责存储生物的遗传信息（法律条文），而蛋白质的合成场所则在核糖体（执法机关），因此，薛定谔的说法不够准确。不过，如果我们更广义地来理解薛定谔的这段话，例如将从基因中转录出来的各种RNA，以及由RNA翻译成的蛋白质都看成是由染色体所决定的，那么薛定谔的这句话也不算完全错误。——译者注

2.3　个体通过细胞分裂（有丝分裂）而生长

在个体发育[1]中，染色体是怎样工作的呢？

一个生物体的生长是由连续的细胞分裂所引起的，这一类的细胞分裂被称为有丝分裂[2]。考虑到组成人体的细胞数量众多，在每个细胞有限的生命周期中，有丝分裂并没有人们想象的那么频繁。不过在生命的最初阶段，个体生长非常快速。受精卵分裂成两个“子细胞”（daughter cells），接着又分裂为4个，然后是8个，16个，32个，64个……依此类推。在生物身体的生长过程中，各个部分发生的细胞分裂频率并不严格相同，因此上述的倍增规律会被打破。不过我们仍然可以根据这种增长做出简单的推算，受精卵只需连续分裂50~60次，就足

1. 个体发育（ontogeny）是指生物个体在一生中的成长发育。与之相对的一个概念为系统发育（phylogeny），指的是物种在地质年代中的形成和发展过程。
2. 有丝分裂（mitosis）是指真核细胞将细胞核中完成复制的染色体分配到两个子细胞中的过程。之所以被称为“有丝”分裂，因为在分裂期间，染色质形成染色体对，并被一种叫作“纺锤丝”的微管牵引，将姊妹染色单体拖至细胞两极。——译者注

中心法则

中心法则（central dogma）是现代分子生物学的基本框架，它描述了遗传信息在三类最重要的生物大分子（DNA、RNA和蛋白质）之间传递的方向。其中，RNA是一类由核糖核苷酸聚合而成的线性大分子，它是存储遗传信息的DNA分子与生命活动的执行分子蛋白质之间的过渡。RNA的这种地位可能跟生命的演化过程有关，最早能够执行自复制的生命形式可能依赖于RNA。

中心法则指出，遗传信息只能从核酸（DNA或RNA）传到蛋白质，而不能由蛋白质转移到蛋白质或核酸之中。据此，我们可以将生物大分子之间的信息传递方向分为三大类：

· 第一大类是一般性的信息传递（包括DNA的复制，从DNA到RNA的转录过程、从RNA到蛋白质的翻译过程）；

·第二大类是较为特殊的传递（包括RNA的复制、RNA逆转录为DNA、直接以DNA为模板合成蛋白质），它们都只在一些特殊的条件下才会发生；

·第三大类是至今未被发现或者仍然存疑的传递路径（例如蛋白质的自复制，或者蛋白质的信息逆翻译到RNA甚至DNA中）。

接下来，我们简要介绍属于第一大类的三种最重要的信息传递途径：首先，DNA复制是生物生长发育和遗传的分子基础，DNA的双螺旋结构暗示了DNA的复制机制，亲代双链DNA分子的每条单链都可以作为模板，合成新的互补单链，这一过程被称为半保留复制。转录（transcription）则是将原本储存在DNA中的遗传信息转写到信使RNA互补链的过程，这是基因表达的第一步。翻译（translation）则是基因表达的第二步，在这一过程中，转录在信使RNA分子中的遗传信息被“解码”，并根据这些信息生成对应的氨基酸序列，合成生命活动所需的蛋白质。

以产生一个成人的细胞数量[1]，如果把人一生的细胞更迭也考虑在内，那这个数字或许应该再增加10倍。因此，平均来看，我体内的细胞，大致上只是发育成我的那个原始受精卵的第50~60代的“后代”。

2.4 在有丝分裂中，每条染色体都被复制

那么染色体在有丝分裂中又是如何表现的呢？它们在每一组染色体中，和每一套遗传密码中成套地复制。这个过程在微观条件下被反复地研究，研究范围如此之广以至于我们不能在这里一一细说。尤为突出的一点是，两个“子细胞”都各自得到了两份和母细胞一模一样的染色体组，因此人的所有体细胞都拥有完全相同的染色体。[2]

即使我们对其中的机制知之甚少，但是我们不得不认为，这和生物体的功能在某些方面一定紧密相关，因为每一个单细胞，甚至是不太重要的单细胞，都具有密码本的全套（两份）副本。不久之前我们从报纸上得知：

1. 非常粗糙地估计，是大约上千亿或上万亿个。[现在的科学家们普遍估计人体内的细胞总数大约为数十万亿个。——译者注]
2. 我在这简短的总结中排除了嵌合体这种特殊情况，望生物学家见谅。[嵌合体是由两个或者更多“个体”构成的一种生物体，体内包含着至少两组DNA。——译者注]

蒙哥马利[1]将军在他的非洲军事行动中想出一个点子，他要求他部下的每一个士兵都对他的作战计划了如指掌。如果报道属实（考虑到他的部队忠诚勇敢、具备高度的战术素养，因此这很可能是真实的），这就为我们的案例提供了一个绝好的类比：一个士兵就好比一个细胞[2]。最让人惊叹的事实是，在有丝分裂的过程中，每个细胞中的染色体组自始至终保持着双份。这是遗传规律中最突出的特征，只有一种情况不符合这个特征，而这个例外也恰恰突出了这个特征。接下来我们就要来讨论这种例外情况。

2.5 减数分裂和受精（配子配合）

在个体的发育开始之后没多久，有一组细胞被储备下来，以便在发育的后期用以生产所谓“配子”，即精

---

1. 蒙哥马利（Bernard Law Montgomery，1887—1976），英国陆军元帅，第二次世界大战中著名的军事指挥官，他所领导的经典战役就是在北非击败德军名将“沙漠之狐”隆美尔（Erwin Rommel，1891—1944）的阿拉曼战役。——译者注
2. 这一比喻还包含另一层引申含义：因为每个士兵都了解了完整的作战计划，可以根据实际情况自己做出判断，不再需要来自将军的指令，更加“去中心化”地完成作战任务。在本书第7.4节还有关于这一问题的讨论。——译者注

细胞或者卵细胞，至于究竟是哪种，则视情况而定。[1]在个体成熟之后，这些配子被用来繁殖。前文提到的“储备”是指这些细胞在这段时期之内不用于其他目的，只经历很少的几次有丝分裂。生殖细胞还有一种例外的分裂方式，即所谓“减数分裂”[2]，这通常仅仅在配子配合之前很短的时间内才会发生。在减数分裂中，母细胞中的一对染色体组单纯分裂成两个单组，每一组分别进入一个子细胞（配子）中。换句话说，有丝分裂中染色体数量加倍的情况，在减数分裂中并没有发生。减数分裂时，染色体的总数量保持不变，因此每一个配子只拿到了一半染色体——即一组完整的遗传密码，而不是两组。例如，对人类而言，配子中只有23条染色体，而不是2×23=46条。

只含有一组染色体的细胞称为单倍体（haploid，来

1. 薛定谔在这里提到一类“被储备下来的细胞”其实是生殖细胞，在许多动物中，生殖细胞起源于胚胎中肠的附近并迁移到发育中的性腺之中。而植物在发育早期没有生殖细胞，而是由成体的体细胞变化而来。另外需要指出的是，通常我们所说的“储备细胞”（reserve cell）通常是指相对未分化的细胞，参与组织的更新或再生，尤其是上皮组织。——译者注
2. 减数分裂（meiosis）是一种染色体的数目减半、制造出单倍体细胞的细胞分裂方式。由于染色体的数目减半，因此被称为“减数分裂”。这个过程会发生在所有以有性生殖进行繁殖的单细胞或多细胞真核生物体内。——译者注

自古希腊语ἁπλοῦς，意思为“单个”)。因此，配子为单倍体。正常的体细胞叫作二倍体（diploid，来自古希腊语διπλοῦς，意思为“两个”)。偶尔也会出现在体细胞中拥有三组、四组等多组染色体的情况，这些分别称为三倍体（triploid)、四倍体（tetraploid）等多倍体（polyploid）[1]。

在配子融合的过程中，雄性配子（精子）和雌性配子（卵细胞）都是单倍体细胞。它们结合形成受精卵细胞，于是形成了二倍体。受精卵的染色体组，一组来自母体，一组来自父体。

2.6 单倍体个体

还有一点需要澄清，虽然我们讨论的主题不一定涉及，但这一点的确很有趣。因为它表明，每一组染色体

1. 多倍体在生物界广泛存在，常见于高等植物中，根据染色体组来源不同，又可分为同源多倍体和异源多倍体。如果同源多倍体个体细胞中染色体组数为奇数，其在减数分裂中有可能无法正确配对和分离，因而导致不育，例如无子西瓜就是一种三倍体。在植物育种中，多倍化具有许多重要的应用，这是因为多个等位基因可以产生更多的组合和更多样的功能变化，从而比二倍体拥有更高的杂合性和更迅速的环境适应力。——译者注

中已经包含全套密文，足以描述整个“斑图”。

在有些情况下，减数分裂之后并不会立即受精。单倍体细胞（配子）经历了多次有丝分裂，从而成为一个由单倍体细胞构成的个体。雄蜂就是这样的例子，是由蜂后[1]通过孤雌生殖产生的，也就是说，它们来自蜂后未受精的单倍体卵。雄蜂没有父亲！它所有的体细胞都是单倍体。如果你乐意，也可以把它叫作一个夸张巨大的精子。而且，众所周知，交配正好是雄峰一生唯一的使命。这样的说法或许有点夸张，不过，这样的例子其实并不罕见。有些种类的植物会通过减数分裂形成单倍体配子，叫作孢子[2]。它们落入土壤后，就像种子一样，会生长成为一株单倍体植株，体形与二倍体相当。图5是一株苔藓的草图，这种植物在森林中很常见。苔藓植物叶片的底部是单倍体植株，叫作“配子体”；它的顶端

---

1. 蜂后（又称为蜂王、女王蜂）是蜜蜂群体中性发育完全的雌性蜜蜂，它统治蜂群并且繁衍后代。蜂后可以与雄蜂交配，产下受精卵，也可以产下非受精卵，受精卵发育成蜂后或者工蜂（由喂养幼虫的不同食物决定），非受精卵则发育成雄蜂，雄蜂的主要功能就是与蜂后交配。——译者注
2. 孢子（spore）通常是微小的单细胞，具有休眠的作用，可以帮助植物在恶劣的环境下继续传播，随后再在有利条件之下发育成新个体。用孢子繁殖的植物，主要包括藻类植物、菌类植物、地衣植物、苔藓植物和蕨类植物5类，它们被统称为“孢子植物”。——译者注

会生长出性器官和配子，配子相互受精后就可以产生正常的双倍体植株。在裸露的茎的顶部生有孢子囊，它是所谓“孢子体”，孢子囊中的细胞通过减数分裂产生孢子。孢子囊一打开，孢子就掉入土壤，发育成长为有叶片的茎，如此循环往复。这整个过程恰如其分地被称为世代交替。[1]如果你愿意，你也可以认为人类和动物的常见情形也是如此。但是人和动物中，“配子体”通常是寿命很短的一代单细胞，例如精子或卵细胞。如果把我们的身体也看成是一种孢子体，那我们的“孢子”就是生殖细胞，它们通过减数分裂产生单细胞的配子体。

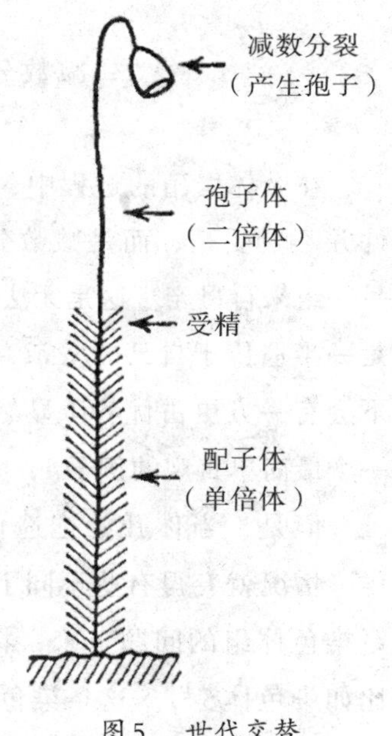

图5　世代交替

1. 在苔藓植物的世代交替（alternation of generations）中，产生孢子的孢子体世代（二倍体世代）和产生配子的配子体世代（单倍体世代）有规律地交替出现。——译者注

2.7 减数分裂的重要性

在个体繁殖的过程中，真正起决定性作用的重要事件并不是受精，而是减数分裂。染色体一组来自父亲，另一组来自母亲。这是无法被干预的事实。每个男人[1]都是一半遗传于自己的父亲，一半来自母亲。但有些情况下会有一方更占优势（显然，性别本身就是这种优势的一个最简单直观的例子），我们接下来会谈到。

但是，当你开始把遗传追溯到祖父母那一辈的时候，情况就变得有些不同了。让我们先把注意力放回父系染色体组的问题上来，特别是谈及它们其中的一条，比如染色体5号。这条染色体精确复制自我的祖父抑或

1. 每一个女人也同样如此。为了避免行文太过冗长，我在总结中省略了特别有趣的性别决定机制和伴性性状（比如色盲）。[人类有X和Y两种性染色体。正常女性有两条大小与形态相同的X染色体（XX）；而正常男性有一条X染色体，另一条染色体则小得多，称Y染色体。当决定某种性状的基因位于性染色体上的时候，它的遗传就与性别密切联系起来，这种与性别相联系的遗传现象叫作“伴性遗传”，相关的基因叫“伴性基因”。——译者注]

我的祖母[1]，取决于我父亲体内发生在1886年11月的减数分裂，并且概率对半。几天之后，这次减数分裂形成的精子导致了我的诞生。一模一样的事情也发生在我的父系染色体第1，2，3，…，23号身上。并且，同样的准则也类似地适用于[2]我身上的母系染色体。此外，这46次复制，彼此之间都完全独立。即使知道我的父系染色体5号来自我的祖父约瑟夫·薛定谔，染色体7号仍有相等的概率，既可能来自他，也有同等的概率来自我的祖母玛丽（Marie），婚前旧姓博格纳（Bogner）。

2.8 染色体的交换，性状的位点

根据上面的叙述，我们似乎已经假定（甚至明确承认），染色体的分离和组合是完全随机的，即父体内的某一条染色体，要么整个来自祖父，要么整个来自祖母，也就是说，单条染色体被完整地传递了下去。然而

1. 在英语中grandfather（grandmother）无法区分究竟祖父母或者外祖父母，因此原文中薛定谔用的是“父亲的父亲（母亲）”等说法。由于中文不会有相关误解，因此我们对这些描述做了简化。——译者注
2. “类似地适用”（*mutatis mutandis*）是一句拉丁语，在法律以及合同等领域较为常用，其代表的含义是：类推适用；比照适用；根据某一原则进行，不过按照实际情况做出调整等。——译者注

这种说法是不正确的，或者说是不严格的，亲代身上的遗传性状可能在子代身上发生混合。例如，在父辈体内的一次减数分裂过程中，在染色体分离之前，任何两个“同源”染色体彼此之间都会紧密接触。这个过程中，它们有时就会发生整段的交换，如图6所示。[1]这就是染色体的“交换”，由于交换，一条染色体上的两个性状[2]会在孙辈中分离，因此，孙辈们的有些性状像祖父，另外一些性状则像祖母。染色体交换的情况既不罕见，也不频繁。它为我们提供了非常宝贵的信息，用以确定性状在染色体上的位点。展开全面讨论之前，我们还需要借助一些概念（比如杂合性、显性等）。我到下一章才会对这些概念作介绍。而且，全面的讨论也会超出这本小书的篇幅，所以请允许我当前只谈一下要点。

---

1. 位于同一染色体上的基因通常会作为一个整体发生传递，这被称为“连锁律”；然而，同源染色体上的各对等位基因也有可能交换，这被称为“交换律”（或者“交叉律”）。“连锁和交换”是生物多样性产生的重要原因之一，最早发现这一规律的美国遗传学家摩尔根获得了1933年诺贝尔生理学及医学奖。连锁交换定律和孟德尔的两条遗传规律被视为遗传学的三大定律。——译者注
2. “性状”指的是生物体的形态、结构、生理、生化乃至精神状态的特性。“性状”的英语为“trait”，在原文中，薛定谔常用“性质”（property）等词来指代“性状”，在翻译中我们结合上下文内容做出了调整。——译者注

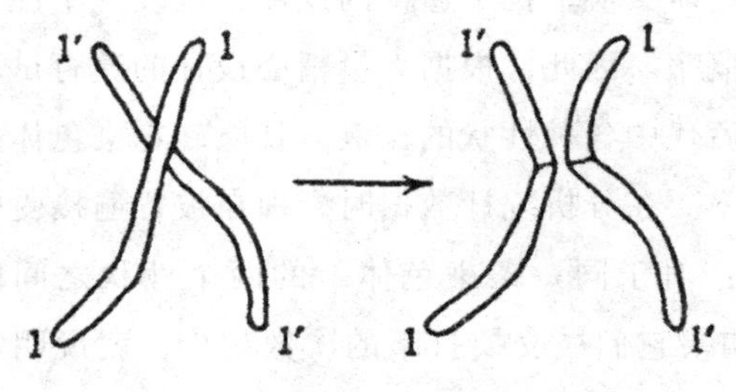

图 6　交换

左图为接触中的两条同源染色体；右图为交换和分离之后。

如果没有染色体交换，由同一条染色体负责的两个性状将会永远在一起遗传给下一代。后代不可能只获得其中一个性状，而不继承另一个性状。但是，如果两个性状来自不同的染色体，则会有一半的概率被分离，或者必然被分开。后一种情况发生在两个性状来自同一个祖先的一对同源染色体，那么就一定会被分离，它们永远不会在一起遗传给后代。[1]

1. 薛定谔在这里所说的情况即为“杂合子”（heterozygote），杂合子的两个等位基因彼此不同。其中让生物表现出相关性状的基因即为显性（dominant）基因（通常用大写字母表示）；而与之相对的隐性（recessive）基因只在该生物同时有两个隐性的等位基因时，才会影响到生物的性状表现（通常用小写字母表示）。例如，白化病就是一种常见的常染色体隐性遗传病，对于既携带了显性基因A（非致病）又携带了隐性基因a（致病）的杂合子个体，他们本人并不会表现出白化病，然而由于遗传过程中这两个基因必然会发生分离，因此其后代仍然可能出现白化病。——译者注染色体交换干扰了遗传的规律，也改变了性状分离重组的概率。因此，根据大量精心设计的繁育试验，仔细统计后代中各种性状的比例，就能确定染色体发生交换的概率。在分析统计数据时，现在被普遍接受的一个假说是：对于同一条染色体上的两个性状之间的“连锁”，如果它们被交换打断的次数越少，就说明它们在空间上彼此靠得越近。这是因为，发生交换的位点，恰好处在这两个性状所对应的位点中间的可能性更低；与之相反，位于染色体两端的性状，几乎每次在交换中都会发生分离（这一规律也同样适用于来自相同祖先的同源染色体上性状的重组）。用这种方法，人们可以期望通过对“连锁的统计”得到每一条染色体中的“性状图谱”。

上述这种期望已经完全得到了证实。在经过充分的实验的一些材料中（主要有果蝇，但也不仅限于果蝇），受测的形状可以被分成若干组，各组之间没有连锁，总的分组数就对应于总的染色体条数（果蝇有4条染色体）。在每一个组别内，都可以描绘出一条性状图谱[1]，它

1. 薛定谔在这里所描述的“性状图谱”也叫“遗传连锁图谱”，是指同一条染色体上不同基因的排列顺序及其相对距离的线形图。遗传连锁图谱基于基因重组交换值构建，图中的距离单位为cM（厘摩尔根，简称“厘摩”），1cM表示每次减数分裂的重组频率为1%。交换值越高，表明两点之间遗传距离越远。世界上第一张遗传连锁图谱是利用5个形态方面的性状作为标记构建的果蝇X染色体。——译者注

人类基因组计划和遗传图谱的构建

人类基因组计划（Human Genome Project，HGP）是一项跨国合作的大型科学工程。这项工程在1990年正式启动，来自美国、英国、法国、德国、日本、中国等国家的科学家都参与了这一项目，该项目在2001年时发布了第一版人类基因组图谱，标志着人类基因组测序领域的突破性里程碑。近年来，随着基因测序技术的发展，测序的成本不断降低，各领域的测序研究以惊人的速度进展，这也让基因测序技术展现出了更加广泛的应用前景。

人类基因组分析的一个最重要的目的就是确定人类的全部基因。研究表明，人类的染色体上含有约30亿个DNA碱基对，一共有20000多个编码蛋白质的基因；另外还有20000多个“非编码基因”。要确定这些基因在染色体上的排序，科学家们已经可以将全基因组序列数据与基因重组数据结合，从而对基因交换做出更精确的解析。2019年，冰岛的一家基因测序公司利用了大约15万名冰岛人（大约一半的冰岛人口）的基因序列数据，精确定位了450万个交换重组和超过20万个从头突变，构建出了一个极其精细的基因组遗传图谱。相关的研究成果发表在顶级科学期刊《科学》(*Science*）上。

定量地反映了组内任意两个性状之间的关联度，所以毫无疑问，这些性状可以被准确定位。各个性状沿直线排列，正如棒状的染色体机构所暗示的那样。

当然，这里所描绘的遗传机制仍然非常空洞平淡，甚至显得有些幼稚。因为我们还没有讨论究竟可以从性状中了解什么。生物体所表现出来的各种模式是一个统一的“整体”，把它们分割成一个个独立的性状似乎既不恰当，也不可行。实际上，我们在每个具体的例子中想表达的是，如果一对祖先在特定的性状上存在差别（比如，一个是蓝眼睛，另一个是棕眼睛），那么，他们的后代，不是继承这一位祖先的性状，就是继承另一位。我们在染色体中所定位的正是产生这种差别的位点（术语叫作“基因座”，而如果我们指的是构成基因座的物质结构，那就是“基因”）。在我看来，真正最基本的概念并不是“性状”本身，而是“性状之间的差别”，尽管这句话从语法和逻辑上来看都有些问题。[1]在下一章讨论突变的时候，我们就会看到，性状之间的差别实

1. 仅从语法和逻辑上来看，没有“性状”本身，自然无法谈“性状之间的区别”。不过薛定谔的这种看法是很有道理的，因为在遗传学中，除了“显性”“隐性”这两种状态以外，还有许多其他的可能性，例如不完全显性（红色的花和白色的花交配后，下一代的花呈现粉色）、共同显性（生物不同部位的毛色表现出不同的颜色）等现象。——译者注

际上是不连续的。而我也希望，上述这些看来枯燥的概念，在下一章会呈现出更丰富的细节。

2.9　基因的最大尺寸

我们刚刚引出了“基因”这个术语，用它来指代遗传学理论假设中特定遗传特性的物质载体。[1]现在我们必须强调和我们的研究紧密相关的两点。第一点是，这种物质载体的尺寸——或者更恰当地说，这种载体可被允许的最大尺寸——有多大？或者说，换句话说，我们对它的定位最高可以达到怎样的精度？第二点则是基因的持久性，这可以从遗传模式的持续性推断出来。

至于尺寸，有两个完全独立的预测，一个是基于遗传学证据（繁育实验），另一个是基于细胞学证据（显微镜直接观察）。第一种估计在原则上很简单。按照前文描述过的方法，在染色体中找到相当数量的不同（宏观）性状后（以果蝇为例），为了得到所需的估计，我

1. 在薛定谔的时代，“基因理论”仍然是某种未被证实的假说，因此仍然是“假设性”的。不过，随着DNA双螺旋结构的发现和遗传密码的破译，“基因”这一概念不仅早就成为现代分子生物学和遗传学的基础，而且已经逐渐成为普通人的常识。——译者注

们只需将该染色体的测量长度除以性状的总数，再乘以染色体的横截面积。[1]当然，我们只把那些因染色体的偶然交换而分离的性状算作不同的性状，这样就能保证它们在（微观上或分子层面上）不会是同样的结构。另一方面，很明显，我们的估计只能给出一个最大的体积，因为随着遗传分析工作的进行，被分辨出来的性状数量将会不断地增加。

另一种估计方法，虽然依靠显微镜观测，却远不如前一种那么直接，果蝇的某些细胞（如唾液腺细胞）因为某些原因格外膨大，它们的染色体也是如此。在这些染色体中，你可以分辨出密集的横向深色条纹图案。

---

1. “宏观”与“微观”的区分是热力学和统计物理中的一个重要概念。例如，温度、体积、压强等物理量就属于“宏观物理量”，而分子的运动速度则属于“微观物理量”。通过热力学，我们可以建立起系统宏观和微观之间的联系（例如，分子的平均动能即为宏观的温度）。薛定谔将类似的想法也应用到了对生物问题的分析中，在这里，薛定谔所说的“宏观性状”应当理解为生物的“表现型”（phenotype），这一概念与生物的某种“微观特征”，即“基因型”（genotype）形成了一组相对的概念。具有特定基因型的个体，在一定环境条件下所表现出来的各种性状特征的总和即为表现型。在本书第3.4节中，还有更多关于基因型和表现型的讨论。生物基因型与表现型之间的关系是现代分子生物学中的一个重要的研究课题，有许多理论生物学家在探索建立起生命科学的“热力学理论”，试图建立起基因型和表现型之间的桥梁。——译者注

C. D.达林顿[1]数出了这些条纹的数量（他所研究的案例中，大约有2000个）。这个数字虽说比通过繁育实验定位出的基因数量多了不少，在数量级上仍大致相等[2]。达林顿倾向于认为这些条纹代表了实际的基因（或者说基因之间的间隔）。测量出正常细胞中染色体的长度，再除以这个数字（2000），他计算出一个基因的体积大约相当于边长300埃的立方体。考虑到这种估计方法的粗糙程度，我们可以认为，他得出的体积和第一种方法的差不多。

2.10 从“大数”到“小数”

接下来我会详细讨论统计物理学对我刚刚所介绍的这些生物学事实的解释——或许更准确地来说，应该是这些事实本身正在对统计物理学在活细胞中的应用提出新的挑战。但请让我先强调一个事实：在液体或固体中，300埃仅仅是100~150个原子之间的距离，因此，基本可以肯定，一个基因包含着不超过100万或者100多万

1. C. D.达林顿（Cyril Dean Darlington，1903—1981），英国生物学家、遗传学家，他曾经深入研究染色体互换的机制。——译者注
2. “在数量级上仍大致相等”的两个数字并不需要严格相等，只要相差大约在10倍（或者数十倍）以内仍然可以认为处在同一个数量级。——译者注

基因的长度

在本节和上一节中，薛定谔讨论了对基因长度的估算问题。其中的一种估算方法依赖于显微镜的观察。事实上，染色体经过特殊处理，并用特定染料染色后，可以显示出一系列连续的明暗条纹，这种技术即为“染色体显带技术”，它可以帮助观察染色体本身更细微的结构，为基因定位的研究提供基础，有助于更准确地识别每条染色体及染色体结构异常。

需要特别说明的是，染色体上的条带与基因的长度之间并没有严格的对应关系。直观地理解，如果我们把染色体看作一本书，那么其中的条带就像是书的页码，而基因则对应于书中各个章节，书中每一页的字数是接近的，但不同章节的字数则可能有巨大的差别。因此，薛定谔在这里的估算方法是错误的，读者不必过于关注这一估算的细节，不过可以吸取这一估算的思想。现在，我们已经没有必要再用这种方法对基因的大小来做出估计，而是可以直接进行基因测序。生物学家们现在通常用碱基对数（bp）来描述一个基因的大小。

考虑到上千个碱基对就足以编码绝大多数的蛋白质，而每个脱氧核糖核苷酸有30~40个原子，因此，实际编码蛋白质的基因片段中仅仅只包含数万个原子。不过，如果我们扩展“基因的长度”的定义，例如考虑基因的“最长转录本”，将“内含子”等不编码为蛋白质的DNA序列片段也计算进来，那么，一个基因中则可以包含上万个碱基对。基于这种定义，假如一个基因的长度约为3万对碱基，那么该基因一共大约包含100万个原子。这一结果与薛定谔的估算结果的确在数量级上大致符合。

的原子。[1]

这个数字从统计物理的角度而言太小了（从$\sqrt{n}$定则的角度）[2]，以至于不足以引发有规律和有序的行为。即使所有这些原子全都是起相同的作用（就像在气体或者液滴中那样），这个数字都太小。然而基因几乎不可能是一滴均匀的液滴。基因也许是一个蛋白质大分子[3]，其中的每个原子、每个基团、每个杂环[4]结构都有其独立的作用，或多或少这些作用有着差别。总之，以上就是霍尔丹和达林顿等遗传学领域的领军人物的观点，而我们即将谈到一些最新的遗传学实验，这些实验距离证实这些观点已经很接近了。

---

1. 之所以这样估算，是因为原子在三维空间中发生堆积，因此相应体积内的原子数目为100^3，即大约为100万个。——译者注
2. $\sqrt{n}$定则与大数定律有关，可是基因中包含的原子数却远远达不到"大数"的程度，仅仅只是"小数"。——译者注
3. 现在我们已经知道，基因是由DNA分子所构成的。DNA和蛋白质同样都是生物大分子，只不过DNA通常与遗传物质有关，而蛋白质通常与各种生物功能的执行有关。——译者注
4. 杂环这一概念与碳环相对，指的是成环的原子不仅包括碳，还包括氮、氧或硫等原子。很多具有生物活性的化合物都是杂环化合物，正因为如此，在薛定谔的时代，生物学家们才会认为在遗传的物质中，杂环结构可能具有独立的作用。这种观点的确是正确的，现在我们知道，DNA分子中编码遗传信息的基团被称为含氮"碱基"，这正是因为相应的杂环中含有氮原子，这样的化合物通常具有碱性。——译者注

2.11 持久性

我们现在开始转向第二个和主题重要相关的问题：既然遗传性状如此稳定，那它们到底在多大的程度上可以始终保持不变呢？进而，携带这些性状的物质载体又必须拥有什么样的特性呢？[1]

要回答这些问题，我们并不需要什么特别的研究。事实上，既然把它们称为“遗传性状”，这本身就意味着它们几乎可以永远持续下去。我们不能忘记，由父母传给子女的绝不仅仅是诸如鹰勾鼻、短手指、风湿病、血友病、红绿色盲等单独的特征。这些特征是我们在研究遗传规律时，为了讨论的方便，人为选择出来的。但实际上，是包含一个人从外表到身体内所有特质的“表现型”的整个（四维）斑图在代际之间复制，绵延几个世纪并保持几乎不变——当然，在经历了数万年后，它们还是会有变化。所有的这些信息都是通过细胞核内的

---

1. 在讨论遗传物质（基因）的稳定性时，薛定谔引入了“持久性”（permanence）这一概念。所谓“持久性”，就意味着它不仅包含基因在热扰动等情况下的稳定性（涉及较短的时间尺度），也包含基因在一代又一代的遗传过程中的稳定性（涉及较长的时间尺度）。——译者注

物质结构在精子和卵细胞结合形成受精卵的过程中被传递的。这真是个奇迹！在我看来，只有一件事情比这第一个奇迹还要更伟大，那就是：在这种奇迹中所诞生的生命竟然已经产生了这样一种能力，开始尝试了解这种奇迹本身。这两个奇迹紧密相关，不过后者的伟大之处体现在另一个层面上。我认为，人类很可能在不远的将来完全搞清楚第一个奇迹，可是第二个奇迹很可能已经超出了人类的认知范围。[1]

1. 的确，随着分子生物学的发展，我们现在已经几乎对“第一个奇迹”有了充分的了解，薛定谔在这里提到的第二个问题不仅涉及“意识的起源”和“人择原理”等问题，也涉及复杂的哲学、心理学背景，的确超出了目前人类的认知范围。——译者注

第三章 突变

> 游移着的现象载沉载浮；
>
> 用绵延的思维把它一统。[1]
>
> ——歌德

3.1 “跳跃式”突变——自然选择的工作场所

在上一章结尾，为证明基因结构的持久性，我们介绍了一些普遍事实。也许对我们来说，这些事实平平无奇、司空见惯，以至于显得不那么有说服力了。这再次

1. 薛定谔在这里引用的诗句来自歌德《浮士德》(*Faust*）中的“天堂序曲”，这句诗是天主在和魔鬼梅菲斯特打赌时所说的一句话。我们在这里引用了郭沫若1954年版的翻译，这里“载沉载浮”的现象，指的是自然现象中的各种波动、涨落或者突变。——译者注

证明“例外证明规则”[1]这句俗语的正确性。如果孩子和父母之间完全相似，毫无例外，那么我们不仅会失去那些向我们揭示了详细遗传机制的美丽实验，还会让我们失去大自然中丰富多彩的物种。事实上，大自然的“物竞天择、适者生存”本身也是一个宏大的实验。

请允许我从刚才提到的重要论题出发来介绍有关的事实——我要在此重申：我不是一个生物学家，对此我表示抱歉。

如今，我们清楚地知道，即使在最纯的群体里也一定会出现小的、连续的、偶然的变动，而达尔文[2]把这种

1. “例外证明规则”(Exceptions prove the rule)是一句英语俗语，它的意思是指，某些特殊的案例反而证明了普遍规则的存在。例如一家服装店门口写着“袜子一经售出，不许退换”,“袜子”这样一个特殊的案例反而证明了这家店的其他服装在售出后是可以退换的。再比如我们有时会强调“女医生”“男护士”，这反而证明大部分的医生是男性，而大部分的护士是女性。薛定谔上一章所介绍的遗传现象在生活中都很常见，没有什么例外，而在本章则要讨论“突变”，它们是遗传中的例外。薛定谔希望借助“突变”这种遗传中的例外现象来证明遗传规则的存在。——译者注

2. 达尔文(Charles Robert Darwin，1809—1882)，英国博物学家、地质学家和生物学家，他曾经乘坐“小猎犬号”(HMS Beagle)舰进行了历时5年的环球航行，随后在1859年出版了《物种起源》(*On the Origin of Species*)，提出了“自然选择”的观点，为科学的进化论奠定了基础。这里薛定谔所说的“变动”(variation)指的是表现型的变动，表现型的变动不一定对应着基因型的变动，而只有基因型的变动才是可以被遗传的。——译者注

变动视作自然选择的基础，这种观点是错误的。因为已经证明，这些变动是不会遗传的。这个事实很重要，值得简单说明一下。如果你取一捆纯种大麦，逐穗测量其麦芒[1]的长度，并绘制统计结果，你会得到如图7所示的一条钟形曲线[2]，图中的横轴是麦芒长度，纵轴是每种长度的麦芒所对应的麦穗数量。也就是说，中等的麦芒长度是最常见的，更长或者更短的麦芒会以一定的频率发生。我们现在挑出一组麦穗（即图7中涂黑的一组），其麦芒长度明显超出平均水平，假设这组麦穗的总数足够多，可以让我们在地里播种并长出新的作物。在对新的作物进行类似的统计时，达尔文预计会发现相应的曲线会向右移动。换句话说，他本来希望通过选择，使麦芒的平均长度增加。可是，如果使用的是真正纯种的大麦，情况就不会是这样。从选定的作物中得到的新的统计曲线将会与第一条曲线相同，如果选择具有特别短芒的麦穗作为种子，情况也是一样的。选择没有效果——因为细微而连续的变动是不能被遗传的。它们显然并非

1. 麦芒是麦粒外壳上的针状细刺。——译者注
2. 这种“钟形曲线”也叫正态分布曲线，曲线的两端低，中间（平均值附近）高，左右对称，反映大部分数据集中在平均值，小部分在两端。根据中心极限定理，大量相互独立随机变量的均值经适当标准化后依分布收敛于正态分布。——译者注

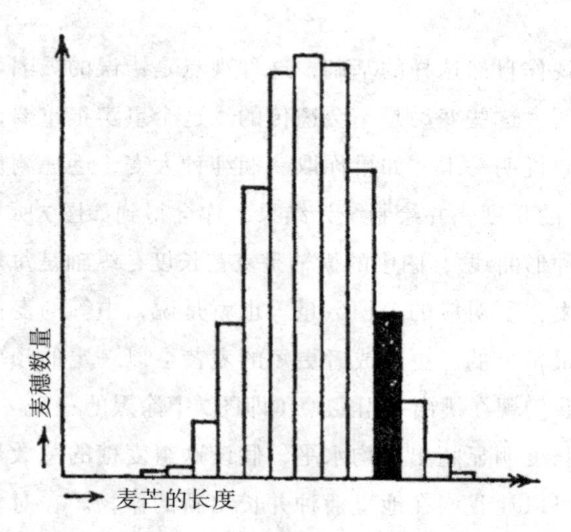

图7　纯种大麦的麦芒长度统计。涂黑的一组被选择并播种
说明：本图的数据细节并非来自实际的实验，仅仅为了说明问题。

是以遗传物质的结构为基础的，而仅仅只是偶然。但是在40年前，荷兰科学家德·弗里斯[1]发现，即使在完全

1. 德·弗里斯（Hugo Marie de Vries，1848—1935），荷兰植物学家，他曾经假设不同的性状有不同的遗传载体，他还在不知道孟德尔研究成果的时候，与同时期另外两位科学家独立地进行了豌豆实验，并发现了显性、隐性以及分离和重组定律（参见本书第3.6节）。在了解到染色体与孟德尔遗传规律之间的联系之后，德·弗里斯还提出了关于同源染色体发生染色体互换的可能性。德·弗里斯认为进化不一定是通过达尔文式的渐进变化而产生，也可以通过“跳跃式”的突变频繁地发生大规模的变化。薛定谔在本节中的讨论明显受到了德·弗里斯理论的影响。——译者注

纯种的后代中，也有极少数的个体，比如几万个中的两三个，出现了微小但“跳跃式”的变化。“跳跃式”的说法并非是说变化非常大，而是指这种变化是非连续的，因为在“未变的个体”和少数发生“改变的个体”之间没有中间状态。德·弗里斯将其称为突变（mutation）。突变的一个重要特征就是非连续性。这让物理学家想起了量子论——在两个相邻的能级之间没有中间能量。物理学家倾向于把德·弗里斯的突变理论，形象地称为生物学的量子论。我们将在后面看到，这不仅仅是一个形象的说法。突变实际上就是由于基因分子中的量子跃迁所造成的。但是，当德·弗里斯在1902年首次发表他的发现时，量子论才刚刚问世两年时间。[1]因此我们不难理解为什么要等到下一代的科学家走上历史舞台，才最终找出了量子论和遗传学二者之间的内在联系。

1. 量子论（或者叫“旧量子论”）是指在量子力学正式诞生之前，在1900—1925年出现的一些描述量子现象的理论。薛定谔这里说的“量子论才刚刚问世两年时间”是因为在1900年，德国物理学家普朗克（Max Planck，1858—1947）为解释辐射定律，提出了能量量子化的假说，奠定了量子论的基础。——译者注

3.2 突变体能繁育出相同的后代，即突变可以完美地遗传

与原始的、未经改变的性状一样，生物体的各种突变性状也是可以完美地遗传下去的。例如在上一节提及的大麦的第一次收获中，有些穗子的麦芒可能大大超出了图7所示的变异范围，比方说完全没有芒。这种突变就有可能是一种德·弗里斯突变，这些突变体可以繁育出完全相同的后代，也就是说，它们的所有后代都会同样没有芒刺。

因此，突变就像是一份“世袭遗产”中发生的改变，毫无疑问，这种改变必须要用遗传物质的变化来加以解释。事实上，向我们揭示了遗传机制的重要的繁育实验，绝大多数就是根据预先设计好的方案，把突变的个体（通常情况下，是包含多个突变的个体）与未突变的或者发生不同突变的个体进行杂交，随后对这些后代展开详细的分析。另一方面，由于突变的个体也可以产下跟它们类似的个体，达尔文所描述的自然选择就对这些突变有效，于是适者生存，不适者淘汰，新的物种就此诞生。在达尔文的理论中，你只需要用“突变”替换掉

他笔下的“细微的偶然变动”就可以了（这就好比在量子论中，“量子跃迁”替换了“连续的能量转变”）。如果我正确解读了主流生物学家的观点，可以说，达尔文的理论在其他所有方面都几乎不需要修改[1]。

3.3 基因的定位、隐性和显性

我们现在必须回顾一下关于突变的其他一些基本事实和概念，我同样将以一种稍显教条式的语言进行总结，而不会直接逐一说明这些结论是如何从实验证据中被发现的。

我们应当预期，一个被观察确认的突变是一条染色

1. 自然选择是否完全取决于有用或有利方向积累的变异呢？又或者说，自然选择是否具有这样的倾向性呢？这个问题已经被充分讨论过。我个人对这个问题的看法并不重要，但是有必要说明，后来大家都忽视了“定向突变”的可能性。此外，在这里我还不能深究“开关基因”和“微效基因”的作用，虽然它们对选择和进化的实际机理是重要的。[薛定谔在这里所说的“定向突变”(directed mutation) 也叫“适应性突变”，是进化理论中一个有争议的话题。适应性突变理论假定突变和进化不是随机的，而是对特定压力的反应——例如在高温环境下，就有可能产生适应高温的突变。开关基因 (switches) 是指那些控制个体发育途径及起始和终止的基因，它们的作用类似于“开关”，可以让一个发育体系在多种不同的细胞途径中进行切换。微效基因 (polygene) 是指这样一种基因，这些基因对表现型的影响太小而不能被观察到，但是它可以与其他基因一起作用以产生可观察到的变异。——译者注]

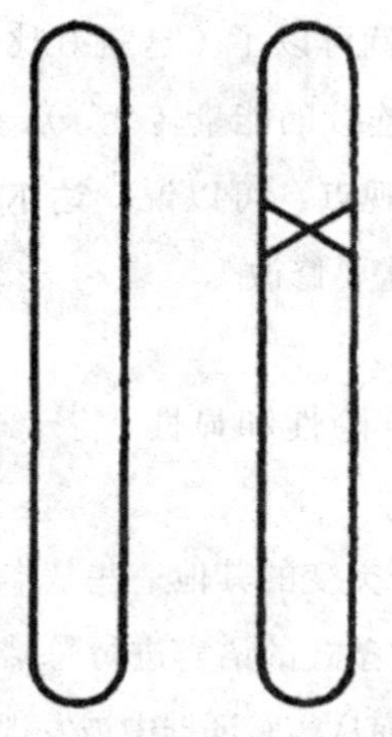

图8　杂合的突变体
说明：其中的“×”标明了突变的基因。

体在某一特定区域内的变化所引起的。事实的确如此。需要特别说明的是，我们已经明确知道这只是一条染色体的变化，而在其同源染色体的相应“位点”上没有发生变化。如图8所示，其中的“×”标记出了发生变异的位点。当发生突变的个体，即通常所说的“突变体”（mutant），与非突变的个体杂交时，我们就能揭示“只有一条染色体发生了变化”这一事实：因为有一半的后代表现出突变的性状，另一半表现出正常的性状。这是我们预想的突变体减数分裂时两条染色体分离的结果，相关图解如图9所示。图中展示的是一个“系谱”，在三个连续的世代中的每个个体都只用一对染色体来表示。需要留意的是，如果突变体的两条染色体都受到影响，那么所有的孩子都会得到相同的（混合）遗传，与父亲和母亲的基因型都不同。

然而，在这个领域的实验并非总像刚才说的那么简

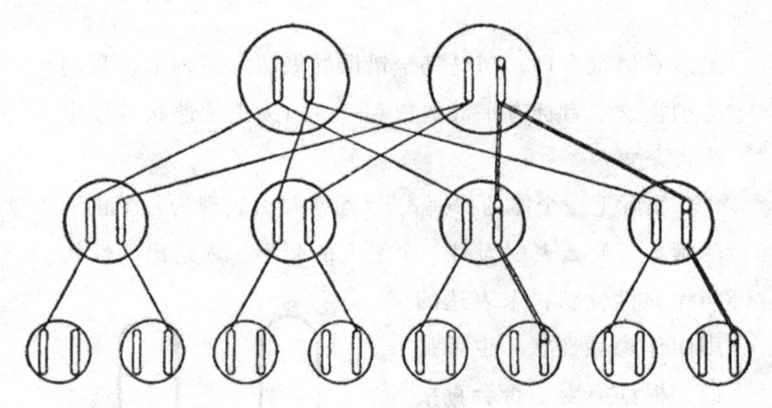

图9　突变的遗传

说明：图中的直线代表染色体的传递。其中的双线（加粗线）表示突变染色体的传递。图中第三代中未说明来源的染色体来自图中第二代的配偶（图中未画出）。假设这些配偶不是亲戚，且基因中未携带突变。

单。由于突变往往是潜伏的，这一重要事实会让遗传现象变得复杂。而这又意味着什么呢？

在突变体中，两份“遗传密文的副本”不再相同；在发生突变的位点上，它们分别代表着不同的“诠释”或者说“版本”。也许有必要立即指出这一点：将原始版本视为“正统”，将突变版本视为“异端”[1]，这种做法

1. 薛定谔在这里提到的用词有明显的宗教意味，是在暗讽西方中世纪愚昧的宗教狂热，以及随之产生的宗教不宽容乃至歧视和迫害与自己信仰不同的人的现象。——译者注

虽然看似很合理，却是完全错误的做法。原则上，我们必须视这二者拥有平等的权利——因为正常性状曾经也来自突变。

实际上，个体的“模式”[1]通常要么表现为一个正常的版本，要么表现为另一个突变的版本。表达出的性状叫作显性性状，未表达的则叫作隐性性状。也就是说，根据突变是否会直接让后代的模式发生改变，可以把突变分为显性突变和隐性突变。

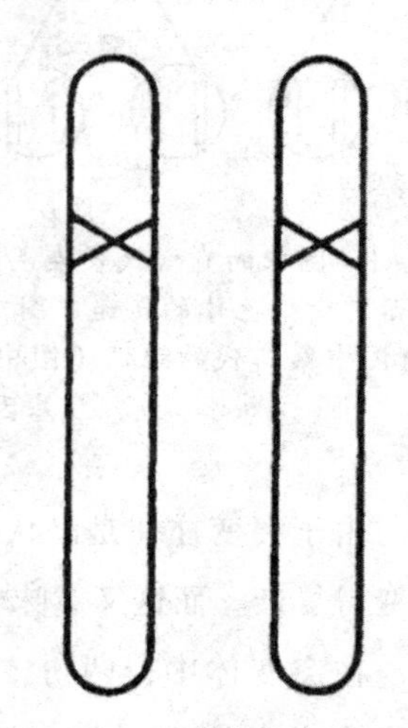

图10　纯合突变体

说明：它是从杂合突变体（如图8）自体受精或者杂交产生的，这种突变体在其中的占比为1/4。

尽管隐性突变一开始根本显现不出来，但它们也非常重要，在生物体内它们比显性突变更为常见。隐性突变如果想要影响遗传模式，它们需要同时出现在两条染色体中（见图10）。如果包含相同

1. 这里的“模式”即为上一章中所说的“斑图”，在这里可以简单理解为与相关基因型相对应的表现型。——译者注

隐性突变的两个个体恰好杂交，又或者一个隐性突变体与自身杂交，就能产生这样的个体；这种情况在雌雄同花的植物上是有可能发生的，甚至这种现象还可以自发地发生。很容易就能看出，在这种情况下，大约1/4的后代属于这种类型，它们将会表现出突变的模式。

3.4　介绍一些术语

在这里，为了阐明有关的问题，我认为有必要解释几个术语。对于我所说的"密文的版本"——无论是原始版还是突变版——都采用了"等位基因"(allele)这个术语。当密码本的版本不同时，如图8所示，对于该位点，我们称该个体为杂合子(heterozygote)。反之，当它们等同时，如非突变个体或图10中的情况，它们被称为纯合子(homozygote)。因此，隐性等位基因只有在纯合时才会影响模式，而显性等位基因不管是纯合还是杂合，都会产生同样的模式。

有颜色通常对无色（或白色）是显性的。因此，打个比方，只有当豌豆的两条染色体上都有"白色的隐性等位基因"时，它才会开白色的花，这时它是"白色的纯合子"；它将会繁育出相同的开白花的后代。但是，一个“红色显性基因”加上另一个“白色隐性基因”会使它开出红色的花（个体是“杂合子”）；两个红色显性等位基因也会如此（个体是“纯合子”）。后两种情况的差异只会在后代中显示出来，杂合子红色会产生一些白色的后代，而纯合子红色会繁殖出真正的后代。

两个人的外貌可能完全相同，但在遗传方面却有差异，这一事实是如此的重要，因此我们必须进行准确的区分。遗传学家说他们有相同的表现型，但基因型不同。因此，前面几段的内容可以用简短但技术性很强的语句来概括：

只有当遗传型是纯合的时候，隐性等位基因才能影响表现型。

我们将偶尔使用这些专业的说法，但在必要时会再次对读者说明其含义。

3.5　近亲繁殖的危害

对于包含隐性突变的生物体，只要它们是杂合子，自然选择就对它们不起作用。如果它们是有害的（突变往往是有害的），但由于它们是潜伏的，它们就永远不会被消除。因此，大量的不利突变可能会积累起来，虽然不会立即造成损害，但它们显然也会传给一半的后代。这种现象对人类、家畜、家禽或任何其他物种都成立，提高这些物种的体质，对我们有重要的应用价值。[1]如图9所示，假设某一雄性个体（为了具体化，就说我自己吧）携带着某种隐性有害突变，但由于我是杂合个体，所以不会表现出这一性状。假设我的妻子没有这种情况。那么我们的孩子中将有一半（图9中的第二行）也将携带这一有害突变——他们同样是杂合的。如果他们都再次与未突变的伴侣交配（为避免混淆，图中略去），我们的孙辈中平均有1/4将受到同样的影响。

尽管我的孙辈可能携带了这一隐性基因，但他们却并不会受到这一有害突变的影响。可是，如果他们与同样受到隐性突变影响的个体相互杂交，这时，稍加计算就可以明白，在他们的子女中，将会有1/4的概率表现出这种损害，因为这些子女是纯合体。除了自我受精以

---

1. 通过创造和利用遗传变异、改良动植物的遗传特性，培育改良动物和植物品种的技术被称为“育种”。而研究通过非自然或人为手段来改进人口遗传基因的学科被称为优生学（eugenics）。在日常的婚姻和家庭生活中，优生同样是非常重要的问题，它可以帮助避免遗传疾病，降低胎儿缺陷发生率，保证子代有正常生存的能力。然而在历史上，以“优生学”为名的伪科学、种族主义（认为某一种族比其他种族更加先进）、阶级压迫（认为有钱人应该“多生”）、社会达尔文主义等一度大行其道，甚至成为纳粹种族屠杀的“理论基础”。——译者注

外（只可能在雌雄同体的植物中），最大的危险将会出现在我的儿子和女儿之间的婚姻中。他们本身每个人都有1/2的概率会携带这一有害的基因，而如果他们携带了这种有害的基因，他们乱伦结合的后代中将会有1/4的概率会表现出这种有害的性状。因此，在亲兄妹近亲繁殖的情况下，孩子的危险因子为1/16。

用同样的方法，可以计算得到，我的两个（“纯种的”[1]）孙辈，即堂表兄妹（或姐弟）之间结婚生下的后代的危险因子为1/64。这一概率看似并不高，而这种情况事实上也往往得到容忍。但是别忘了，我们只分析了家族谱系上，一对夫妻（即“我和我妻子”）身上的某一个可能的隐性危害。实际上，这两个孙辈携带的有害基因很有可能不止一个。如果你知道你自己携带有一个有害基因，请记住，在你的堂（或表）兄弟姐妹中，每8个人中就有1个也会携带它！根据动植物的实验来看，除了一些严重的、比较罕见的有害基因之外，还有很多较小的缺陷，它们发生的概率累积起来，就会使得近亲繁殖的后代在整体上变得更为脆弱。如今，我们不再像

1. 在这里，“纯种”（clean-bred）一词在上下文中的含义为“有血缘关系的”。“纯种”一词原本是动物驯养中的用语，例如为了保留某些赛马的优秀基因，于是让这些马匹近亲繁殖，培养出“纯种马”。——译者注

古斯巴达人（Lacedaemonians）在泰格托斯山（Taygetos）所做的那样，用严酷的方法消除这些危害。[1]正因如此，我们就必须特别严肃地看待人类身上所发生的这类事情，因为对人类而言，适者生存的自然选择效应已经被大大削弱了，甚至出现相反的情况。在远古时代，战争或许还有助于选择出最适合生存的部落。然而，现代战争中，来自各个国家的无数健康青年都惨遭屠杀，这种逆向选择效应已经完全丧失了让适者生存的效果，完全没有任何积极意义可言。

3.6　大致的历史评述

在前文中，我们已经提到了一个令人惊讶的事实：隐性等位基因在杂合时完全被显性等位基因所掩盖，不会产生可见的影响。不过需要注意的是，这种行为也是有例外的。当纯合的白色金鱼草[2]与同样纯合的深红色金鱼草杂交时，所有的直接后代都是中间色，即它们是粉

1. 出于军事统治的需要，古斯巴达人执行着残酷的优生优育行为，如果孩子瘦弱畸形，就会被父母丢在泰格托斯山脚下的一个峡谷，任其自生自灭。——译者注
2. 金鱼草（snapdragon，学名Antirrhinum majus）又名龙口花、龙头花、洋彩雀，是一种车前科金鱼草属多年生草本植物。——译者注

与近亲结婚问题有关的计算

在本节中，薛定谔计算了近亲结婚所生后代的“危险因子”，不过在正文中相关的计算较为简略。我们在这里给出更详细的计算结果。

首先考虑兄妹近亲繁殖的情况。假设父母双方中有一人携带一条带有致病基因（隐性）的染色体，那么在第二代中，子女二人各自都有1/2的概率会携带有害的基因，而如果携带了这种有害的基因，孩子们又有1/4的概率表现出这种有害性状，因此孩子患病的概率：$1/2\times1/2\times1/4=1/16$。

接着考虑堂、表兄妹（或姐弟）之间近亲繁殖的情况。假设有人携带了一条带有致病基因（隐性）的染色体，那么在其子女中，如前面所介绍的，每人有1/2的概率携带有害基因，于是在孙辈中，每人有1/4的概率携带有害基因，这些孙辈相互之间即为堂（表）兄弟姐妹关系，而这当中的两人如果携带了这种有害基因并且结婚生育子女，其子女中又会有1/4的概率表现出这种有害性状，因此孩子的危险系数是：1/4×1/4×1/4=1/64。

根据基因的相似程度，可以将亲属关系划分为不同的“亲缘系数”。选定一个人为中心（参考人），那么其“一级亲属”包括一个人的父母、子女、兄弟姐妹等，他们体内的基因中有1/2与参考人相同；“二级亲属”包括祖父母、孙儿女、父母的兄弟姐妹、兄弟姐妹的子女等，他们与参考人之间的基因有1/4相同；“三级亲属”则包括这里提到的堂（或表）兄弟姐妹，他们与参考人之间的基因有1/8相同。亲缘系数与民法学中的“亲等”关系有一定的相似之处，但又有所不同，如兄弟姐妹互为“一级亲属”，但又互为“二等亲”，各国的法律往往会根据亲等关系的远近设置禁止近亲结婚、扶养义务、继承权等相关的条文。如《中华人民共和国民法典》第1048条禁止直系血亲和三代以内的旁系血亲结婚，大致等同于禁止“三级亲属”以内人的近亲结婚，不过又有细微的区别。

红色的（而不是预期的深红色）。两个等位基因同时表现出它们的影响的一个更重要的例子发生在血型中——但我们不能在此深究这个问题。[1]如果最终发现隐性也可以分成若干种不同的等级，并且取决于我们用于检查"表现型"的实验的灵敏度，我也不会感到有丝毫的惊讶。

我也许应该在这里简单介绍一下遗传学早期历史。遗传学的核心主题，即关于亲代的不同性状在后代中逐代遗传的规律，尤其是关于隐性显性的重要区别，都是由现已举世闻名的奥古斯丁（Augustinian）修道院院长格雷戈尔·孟德尔（Gregor Mendel，1822—1884）最早发现的。孟德尔本人对突变和染色体一无所知。在他位于布隆（今天的布尔诺[2]）的修道院花园里，他培养了不

1. 人类ABO血型的遗传是由单基因决定的，该基因有3个主要的等位基因IA、IB和i，前二者为显性基因，最后一种为隐性基因。每个人通常拥有3个等位基因中的两个：基因型是ii的人为O型血；基因型是IAIA或IAi的人是A型血；基因型是IBIB或IBi的人是B型血；基因型是IAIB的人即为AB型血。除ABO血型之外，人体还有Rh血型系统，有阴性与阳性之分，Rh阴性血型（对应的基因型为隐性基因）由于在亚洲人群中较为稀有，也被称为"熊猫血"。——译者注
2. 布尔诺（捷克语：Brno），德语旧称布隆（Brünn），现在是捷克的第二大城市，在孟德尔生活的时代属于奥地利帝国（以及后来的奥匈帝国）的领土。——译者注

同品种的豌豆，用它们进行了杂交实验，并且留意观察它们的第一代，第二代……直到等后代。你可以说，孟德尔发现了在自然界中原本就存在的突变体，并用这些突变体做了杂交实验。早在1866年，他就在《布隆自然研究者学会学报》(*Naturforschenden Vereines in Brünn*)中发表了相关的结果。不过在那时，似乎没有人对这位修道院院长的爱好特别感兴趣，更不会有人想到他的发现竟会在20世纪成为一门全新的科学分支的指路明灯，成为我们这个时代最引人入胜的课题。孟德尔的论文一度被世人所遗忘，直到1900年，才再度被柯伦斯（于柏林）、德·弗里斯（于阿姆斯特丹）和切尔马克（于维也纳）3人同时独立地发现。

3.7 突变作为一种罕见事件的必要性

目前为止，我们基本上把注意力集中在了有害突变上。这种情况的确可能更为普遍。但是仍然有必要指

孟德尔的豌豆杂交实验与遗传定律的再度发现

孟德尔定律是一系列描述了生物特性的遗传规律并催生了遗传学诞生的著名定律，包括遗传基因的"显性原则"以及两条关于遗传的基本定律：分离定律（孟德尔第一定律），以及基因的独立分配律（孟德尔第二定律）。孟德尔定律最早是由奥地利修道院院长格雷戈尔·孟德尔于1865—1866年间发表。

孟德尔首先发现的是遗传的"显性原则"。他注意到豌豆有"高茎"和"矮茎"两种，于是他首先花费了数年时间筛选了纯种的高茎豌豆和矮茎豌豆。在此之后，孟德尔进行了杂交实验，在矮茎豌豆的雌蕊上授以高茎豌豆的花粉，也在高茎豌豆的雌蕊上授以矮茎豌豆的花粉，随后，这两种不同授粉方法培育出的下一代豌豆都是高茎品种，这说明"高茎"相对于"矮茎"是显性性状，通常分别用大写字母和小写字母表示显性性状以及与之对应的隐性性状（将"高茎"性状记作T，"矮茎"性状记作t）。

接下来，孟德尔对杂交后得到的高茎品种（Tt）的种子进行培植，第二年收获的植株中，高矮茎均有出现（基因型可能为TT、Tt、tt三种，前两种表现为高茎，后一种表现为矮茎），高茎植株与矮茎植株的比例约为3∶1，这一现象促使孟德尔提出了基因分离定律。后来，孟德尔还研究了基因的独立分配律，在实验中选取了7组不同的性状，包括茎的高度（长或短）、种子形状（平滑或皱褶）、种子颜色（黄或绿）、豆荚颜色（黄或绿）、豆荚形状（鼓或狭）、花色（紫或白）、花的位置（顶或侧），孟德尔发现，上述这些不同性状的遗传都是完全独立的，它们相互之间没有干扰。不过在孟德尔逝世后，进一步的研究表明，独立分配律只在一定的条件下成立（参见本书第2.8节的内容和注释）。

孟德尔实验的成功首先是因为他正确地选择了杂交实验的模式生物——豌豆。豌豆在自然状态下获得的后代均为纯种，而豌豆花又易于人工授粉，因此便于杂交实验。另一方面，豌豆一次可繁殖大量后代，利于收集数据进行统计分析。

尽管孟德尔的实验取得了巨大的成功，但这些结果曾长期不受到重视，就连孟德尔自己都认为这些规律只适用于特定的某些物种或性状。这很大程度上是因为在19世纪的欧洲，关于遗传的“融合说”仍然占据主导，这种理论将受精卵看成是母方的卵子与父方的精子的某种混合，由此来解释子代继承父母双方性状的原因。后来，孟德尔定律又在1900年被3位科学家独立重新发现。这3位科学家分别是荷兰植物学家德·弗里斯（Hugo Marie de Vries，1848—1935）、德国植物学家和遗传学家卡尔·科伦斯（Carl Correns，1864—1933）和奥地利农学家埃里克·切尔马克（Erich von Tschermak-Seysenegg，1871—1972）。其中有两位科学家都跟孟德尔本人有一定的渊源。切尔马克的外祖父是著名的植物学家费兹尔（Eduard Fenzl，1808—1879），曾经是孟德尔的植物学老师。而卡尔·科伦斯是著名植物学家内格里（Carl Nägeli，1817—1891）的学生，孟德尔曾经将自己豌豆杂交实验的结果告诉内格里，不过内格里没有理解孟德尔工作的重要性。这些信件后来由科伦斯整理发表，帮助后来的科学家更好地理解了孟德尔的实验和思考。

出，我们有时也会遇到有益的突变。[1]如果把自发突变看成是物种发展道路上的一小步，那么各种突变所引发的变化将是极具风险的“尝试”，因为一旦这些突变是有害的，突变体就有可能无法继续生存。这种图像引出了一个重要的观点，即突变必须是一种罕见事件——它们的确也是如此。只有这样，才有可能成为自然选择的合适对象。如果突变太频繁，使得个体中有很高的概率同时产生多个突变，比方说，同时出现十几个突变，而有害突变又比有益突变占优势，这样的话，物种不仅不会通过自然选择得到改良，反而可能会陷入停滞，甚至消亡。因此，基因相对的保守性[2]是十分必要的，这种保守性源于遗传物质对持久性的要求。我们可以用工厂中的大型生产车间做类比。为了开发更好的方法，创新即使

1. 生物的绝大多数突变的确都是有害突变。不过，要判断一个突变究竟“有益”还是“有害”，需要针对生物所生活的环境具体情况具体判断。例如镰刀型细胞贫血症是一种常染色体显性遗传血红蛋白病，患者血液中的红细胞会扭曲成镰状细胞，造成缺氧等症状。对普通人来说，这毫无疑问是一种有害突变，然而在非洲等疟疾流行地区，由于镰刀型细胞贫血症患者的红细胞比一般人的红细胞更加脆弱，因此疟原虫无法在这样的环境中大量生存繁殖，这反而成为一种对抗疟疾的优势。——译者注
2. 通常认为，基因的“保守性”（conservation）与相关生物功能的重要性密切相关，尤其是那些与生物的基本生存相关的功能。这些关键的基因选择压力更大，进化更慢，因而保守度更高。——译者注

尚未被确证，也必须加以尝试。但是为了检验创新究竟是提高了产量还是降低了产量，很有必要保证每次只引入一个创新，而生产流程的所有其他部分都保持不变。

3.8　X射线诱发的突变

我们现在要来回顾一系列极其精巧的遗传学研究工作，这些工作极其重要，而且与我们的分析密不可分。

子代中发生突变的比例被称为“突变率”（mutation rate）。如果用X射线或者γ射线[1]照射亲代，则子代的突变率可以比很低的自然突变率高出好几倍。除了突变的数量更多以外，这种方式产生的突变和那些自发产生的突变没有任何区别。这给人一种印象，就是认为每一个“自然”突变也能够通过X射线诱发得到。在果蝇系中，可以反复地自发产生许多特殊的突变。正如我们在第2.8节中讨论的那样，我们已经可以在染色体上定位这些突变的位置，甚至还发现了所谓“复等位基因”。

1. X射线（X-ray），又称“X光”或者伦琴射线（Roentgen ray），是一种波长范围在0.01~10纳米的电磁辐射形式。γ射线（伽马射线）是原子衰变时放出的射线之一，波长在0.01纳米以下，有很强的穿透力。电磁波的波长越短，能量越高。因此，X射线和γ射线都有可能造成生物体内的DNA断裂进而引起突变，尤其是γ射线。——译者注这是说，在染色体相同的位置，除了没发生突变的正常遗传密码外，还有两个甚至更多不同“版本”的“诠释”。这意味着，在那个具体的“位点”上，可能的选项不是两个，而是3个甚至更多。其中任何两个，如果同时出现在两条同源染色体相对应的基因座上，就都会具有“显性—隐性”的关系。[1]

X射线诱发的突变实验表明，每一个特定的“转变”，不管是从正常的个体转变为某个突变体的过程，还是与之相反的过程，它们都拥有自己的“X射线系数”。这个系数表明，在子代出生之前，使用单位计量的X射线照射亲代之后，含有相应的由射线所诱发的突变的个体在后代中所占的百分比。

3.9 第一定律：突变是单次事件

不仅如此，决定诱发突变率的规律极其简单且富有

1. 前文注释中提到，人类ABO血型系统的遗传中涉及3个主要的等位基因IA、IB和i，这3个基因即为“复等位基因”。——译者注

启发性。在这里，我将依据季莫费耶夫[1]在《生物学综述》（*Biological Reviews*）1934年第9卷上的报告对这一主题做出总结。这篇综述在很大程度上总结了作者自己的杰出工作。

第一定律是：

（1）突变率的增加严格正比于辐射剂量，因此人们可以引入一个"突变系数"来描述这种正比关系（正如我所做的一样）。

我们是如此习惯于简单的正比定律，以至于我们低估了这条简单规律背后的深远意义。为了理解这一点，你可以想想，商品的总价格，并不总是正比于它的数量。平日里，如果你本来只买6个橙子，但这一次最终决定拿12个，店家可能会非常开心，于是给你打个折。在物资短缺的时候，情况也可能反过来。但在突变这件事上，我们发现，前一半剂量的辐射丝毫不会影响后一

---

1. 季莫费耶夫（Nikolay Timofeev-Ressovsky，1900—1981），苏联生物学家，他在辐射遗传学、实验群体遗传学和微观进化等领域有许多重要的贡献。季莫费耶夫的人生经历非常复杂，在第二次世界大战期间（即薛定谔演讲当时），季莫费耶夫依然留在纳粹德国工作。苏联红军解放柏林后，季莫费耶夫被逮捕，后又被流放，其间视力受到了不可逆的损伤。不过在20世纪50年代，在科学界同行的帮助下，他加入了苏联的原子弹项目中，负责其中的放射生物学部门。20世纪60年代，他成为苏联医学科学院放射生物学和遗传学部门的负责人。——译者注

半剂量的辐射。如果前一半剂量的辐射会使得千分之一的子代发生突变，它既不会使得之后的辐射更容易诱发突变，也不会让突变更难发生。因为如果不是这样，后一半的辐射剂量不会也正好产生千分之一的突变体。因此，突变并没有累积效应[1]。连续的小计量辐射并不会彼此增强效果。突变一定是单个染色体在辐射过程中经历的某种单次事件。那么，这会是怎样的事件呢？

3.10　第二定律：事件的局域性

这个问题可以由第二定律提供解答，即：

（2）从软X射线到相当硬的γ射线[2]，在这段很宽的波长范围内，只要你在伦琴单位制下使用相同的辐射

---

1. “突变并没有累积效应”的说法是不严格的。对于各种“点突变”（即一个DNA序列中有一个碱基对发生改变），的确没有明显的累积效应，然而其他突变类型可能会有明显的累积效应。例如在一条DNA链上如果出现了插入或缺失，那么在这个插入或缺失片段的附近的碱基出现点突变的概率要比DNA上其他区域要高得多，一段DNA序列如果距离插入缺失片段越远，那么其突变率就越低，反之，突变率就越高。——译者注
2. 物理学家常常用“硬”和“软”来描述物体的振动或波动情况，波长越长（频率越低），则相应的波更“软”，反之则更“硬”。通常，波长短于0.1~0.2纳米的X射线也被称作硬X射线，波长相对较大的则被称作软X射线。与X射线相比，γ射线的波长更短，因此也就更“硬”。——译者注

伦琴（X）射线和辐射单位

伦琴单位（Roentgen，简记为R）是定量描述放射性物质产生的照射量的一个单位。这一单位是以德国物理学家威廉·伦琴（Wilhelm Conrad Roentgen，1845—1923）的名字命名的。1895年，伦琴在进行阴极射线的实验时，发现了一种当时还不为人所知的新射线（其波长范围在0.01~10纳米之间），伦琴将这种射线命名为“X射线”，后人也常常将这种射线称为“伦琴射线”。在伦琴发现X射线后仅仅几个月时间内，X射线技术就被应用于医学影像，其主要功能是探测骨骼和部分软组织的病变。1901年，首届诺贝尔奖颁发，伦琴因其对X射线的研究获得诺贝尔物理学奖。

伦琴还深入研究了各种放射现象，也因此提出了定量描述辐射强度的单位。1伦琴单位的定义为，在0摄氏度，一个标准大气压（101 kPa）的1立方厘米空气中造成1静电单位（3.3364×10^{-10}库仑）正负离子的辐射强度。伦琴单位并非国际单位制中的单位，但它常常用来衡量X射线和γ射线的强度。

需要注意的是，伦琴单位表示的是存在的辐射量，不等于实际生物组织的吸收情况。现在常用“戈瑞”（Gray，简记作Gy）作为单位质量物体吸收电离辐射能量的单位，1戈瑞（1Gy）即表示每千克物质吸收了1焦耳的辐射能量。这一单位是以英国物理学家，放射生物学之父戈瑞（Louis Harold Gray，1905—1965）的名字命名的。与戈瑞等价的另一个单位“希沃特”（Sievert，简记作Sv）常常被用来衡量辐射剂量对生物组织的影响程度。这一单位是以瑞典生物物理学家、辐射防护专家罗尔夫·希沃特（Rolf Maximilian Sievert，1896—1966）的名字命名的。希沃特单位不仅要考虑在生物的组织中的辐射吸收剂量D，还需要考虑不同类型射线的相对生物学效应系数Q以及其他修正因子N。普通公众每年受到天然本底辐射的有效剂量大约为2.4毫希沃特（mSv）。

剂量，无论你如何改变射线的性质（即波长），突变系数都会保持不变。射线的辐射剂量可以用伦琴单位来度量，计算方法是这样的：你需要选择合适的标准物质，把它放在和亲代接受辐射时相同的位置，照射相同时间，并用单位体积中辐射产生的总离子数量来计算辐射剂量。

通常，人们以空气作为标准物质，这不仅是为了方便，也是因为生物组织含有的元素与空气有相同的相对原子质量[1]。只需要把空气的电离率，乘以生物组织和空气之间的密度比，就可以得到电离及其伴随过程（激发）在生物组织中发生的概率下限[2]。这个结果是很清楚

1. 相对原子质量，通常简称为“原子量”。某种元素的原子量可以由该元素的各种同位素的原子量加权平均得到。空气与人体内的原子有着相同的原子质量，意味着空气和人体中的各种元素有相同比例的放射性同位素。之所以如此，是因为生物会通过新陈代谢、与空气中的各种元素进行物质交换，例如大气中的二氧化碳会通过植物的光合作用进入生物圈，随后又被动物进食，进入动物体内。可是，当生物死亡之后，这种物质交换又会停止。因此，在已死亡的动植物样本内，各种元素会逐渐跟空气中的元素原子质量有所不同。最典型的例子要数放射性碳十四（^{14}C）原子了，由于在生物死后，^{14}C会逐渐衰变成为稳定的氮同位素（^{14}N）。通过测量死亡动植物（或者其他生物有机质制成品）样本的^{14}C含量，就可以确定样本的年代。这种方法即为“放射性碳定年法”。——译者注
2. 之所以说这是“下限”，是因为其他过程也可能引发突变，但这些过程不能用电离测量。

的，而且已被更严格的研究所证实，引发突变的单次事件，其实就是在生殖细胞中的某种“临界”体积中发生的一次电离（或类似的过程）。这个临界体积是多大呢？根据测量到的突变率，可以通过以下方法来估计这个临界体积的大小。所谓“临界体积”，就是指必须被一次电离“击中”以产生突变的“标靶”的体积。对于处在辐射区中的任意一个配子，如果说每立方厘米5万个离子的辐射剂量能够使其中1/1000的配子以特定的方式突变，那么我们就能得出结论，临界体积只有1立方厘米的1/50000的1/1000，亦即五千万分之一立方厘米。这些数字仅仅只是一个示例，并不是真实的数字。真实的估计值，可参考德尔布吕克给出的结果。这个结果发表在德尔布吕克、季莫费耶夫和K. G.齐默的一篇论文中[1]。之后两章将要详细阐述的内容，其主要理论来源也是这篇论文。据德尔布吕克估计，临界体积大约只是边长为10个平均原子间距长的立方体。因此，其中仅包含10^3=1000个原子。对这个结果最简单的解读是，如果电

1. Nachr. a. d. Biologie d.Ges. d. Wiss. Göttingen, I (1935), 189.［K. G.齐默（Karl Günter Zimmer, 1911—1988），德国物理学家和放射生物学家，因研究电离辐射对DNA的影响而闻名，第二次世界大战后曾参与苏联原子弹项目，后返回联邦德国。——译者注］

德尔布吕克和他的噬菌体实验

马克斯·德尔布吕克（Max Delbrück，1906—1981）是著名的生物物理学家。他出生在德国，并在德国接受教育，博士专业为天体物理学，1937年，德尔布吕克前往美国，开展噬菌体有关的研究，1969年获诺贝尔生理学或医学奖。作为从物理学转向生物学的著名人物，德尔布吕克的研究启发了薛定谔以及后来的许多学者。

除了在本书中薛定谔重点探讨的研究以外，德尔布吕克最重要的贡献还集中于关于细菌遗传学的研究。他的研究是从噬菌体（bacteriophage）实验开始的。噬菌体是一种可以感染细菌的病毒，德尔布吕克将其比作生物学中的氢原子，因为噬菌体的遗传系统是所有生物中最简单的，就像是元素周期表中最简单的元素是氢一样。1940年，德尔布吕克在冷泉港召开了第一次噬菌体学术讨论会，创建了“噬菌体小组”。这个小组将一批科学上志同道合者聚集在一起，共同探索关于生命的奥秘。在德尔布吕克的努力下，噬菌体研究逐渐发展成了一门精确的定量科学。

在当时，尽管科学家们对于高等生物遗传和变异的机制有了初步的认识，然而对于细菌的遗传机制，科学家们依然有许多疑问。例如，人们早就观察到，细菌可以对各种抗菌药物产生抗药性，然而，关于这种抗药性的产生机制，科学家们却还没有形成统一的认识。有的人认为，细菌的遗传跟高等生物应该有着相同的机制，而另外有些人则认为，抗药性的产生是细菌适应环境的结果。为了确定细菌的遗传机制，德尔布吕克与合作者卢里亚（Salvador Edward Luria，1912—1991）合作设计了一个实验。他们将大肠杆菌分装在20支不同的试管中培养，让大肠杆菌生长一段时间后，再从各个试管取出等量的大肠杆菌，接种在固体培养基上。这些培养基里加了噬菌体，只有那些具有噬菌体抗性的细菌才能在这样的培养基上生存。如果细菌的抗性是由外界环境中的噬菌体诱导产生的，那么每一支样品中的抗性细菌数量将大致相等，各个培养基上细菌的生长情况也应该非常类似。然而，卢里亚—德尔布吕克实验的结果却显示，各个培养基上细菌生长的情况差异十分巨大。这一实验结果表明，细菌的抗性是由其自身的基因突变引起的，试管中抗性细菌的数量应该与突变发生的早晚有关。在测量细菌抗性的时候，可能有一些试管中的细菌还没有产生抗性突变，或者突变已经发生，并且已经产生了许多抗性后代，这将导致小试管中抗性细菌的数量出现很大的涨落。类似的实验还证明，细菌对链霉素和磺胺等药物的耐药性与这些药物的存在与否是无关的。这些结果清晰地表明，细菌的抗药性确实是由于基因突变造成的。正如孟德尔实验标志着现代遗传学的诞生一样，德尔布吕克的这个实验标志着微生物遗传学的诞生。

离（或激发）发生在染色体特定位点周围不超过“10个原子”范围内，就很有可能产生突变。接下来，我们会更详细地讨论这一点。[1]

季莫费耶夫的论文中其实还包含着一个有实际意义的推论，尽管这个推论可能跟我们当下的科学研究没什么关系，但是我还是希望对此多做些讨论。现代生活使我们在很多情况下都会受到X射线辐射。我们十分清楚辐射产生的直接危害，例如放射性烧伤、X射线引发的癌症，以及不孕不育。因此，可以用铅屏障、防辐射铅衣等来保护相关人员，尤其是长期操作X射线的医生和护士。问题是，即使我们可以成功防范辐射对人体的直接危害，辐射似乎仍存在间接的危害。它们有可能在生殖细胞中产生微小的有害突变，这种突变就是我们在讨论近亲繁殖的恶果时设想的那种突变。虽然有些过于简化，但说得夸张些，如果一位祖母曾长期担任X光科护士，她的孙辈中如果出现堂或表兄妹结婚，在后代中

---

1. 电离辐射的确可以直接破坏DNA，不过由于在整个细胞中DNA分子所占据的体积只占很小的部分，因此DNA被电离辐射直接击中的概率较低（这一部分计算大致与薛定谔的估算相符）。然而，电离辐射也可以通过对水的电离作用产生羟自由基，从而间接造成DNA断裂、碱基脱落、杂环破裂等损伤，这些间接损伤约占辐射损伤的65%，是不能被忽略的。——译者注

引起的危害将有可能大大增加。虽然并非每个人都需要为这样的问题感到担忧，但对整个人类社会来说，留心那些有害的隐性突变，防止它们悄无声息地逐步侵蚀人类，仍然是一个重要的课题。

第四章 量子力学的证据

而你的精神之最高的火焰

已有足够的譬喻、足够的观念[1]

——歌德

4.1 经典物理学无法解释的持久性

最近，在生物学家和物理学家的共同努力下，针对“基因的体积”问题，借助X射线的精密仪器（物理学家们应该还记得，在30年前，X射线曾经揭示了晶体原子的晶格结构细节），科学家们已经成功地降低了相关微

1. 薛定谔在这里引用的诗句出自歌德的《序章》，原诗写于1816年3月，首次出版于1817年。这首诗的标题为拉丁语“*Prooemion*”，是歌德为自己的《自然科学概论》(*Zur Naturwissenschaft überhaupt*）一书写的序诗。我们在这里引用了绿原的译文（《歌德文集》第8卷，人民文学出版社）。

X射线晶体学和DNA结构的发现

X射线晶体学是一门利用X射线来研究晶体中原子排列的学科。X射线的波长范围为0.001~10纳米，这一长度尺度与晶体中原子之间通常的距离相当，因此X射线可以用于测定研究各类分子的结构。X射线晶体学最早是由德国物理学家冯·劳厄（Max von Laue，1879—1960）在1912年奠基的，劳厄因发现晶体中X射线的衍射现象而获得1914年诺贝尔物理学奖。薛定谔这里提到的“在30年前，X射线曾经揭示了晶体原子的晶格结构细节”指的就是劳厄的发现。X射线衍射技术推动了固体物理、材料科学、化学、分子生物学等领域的发展，尤其是对于DNA双螺旋结构的确定起到了关键性的作用。

1951年，X射线晶体衍射专家罗莎琳德·富兰克林，用X射线研究了DNA的结构，得到了著名的“照片51号”。根据这张图片，富兰克林推断出DNA具有螺旋结构，相关的结果并未发表，她仅仅将其记录在讲义中。后来，富兰克林的学生将这张照片展示给了同样研究DNA结构相关问题的科学家威尔金斯（Maurice Wilkins，1916—2004）。威尔金斯又将“照片51号”的副本展示给了沃森和克里克。在受到“照片51号”的启发后不久，沃森和克里克搭建的DNA双螺旋模型宣告成功，他们随后发表了这一成果。克里克、沃森和威尔金斯三人因为DNA双螺旋模型的提出荣获1962年诺贝尔生理学或医学奖。事实上，这一研究的最关键部分是由富兰克林的X射线衍射图样所暗示的，遗憾的是，富兰克林在1958年因为卵巢癌去世，没有获得诺贝尔奖提名。

观结构的尺寸上限，这一数值远远低于在本书第2.9节中的估计值。这样一来，我们现在必须认真面对的问题就是：基因结构似乎只涉及相对较少的原子数量（大约1000个，可能更少），但它却显示出最有规律的活动，体现出奇迹般的持久不变性。从统计物理学的角度来看，我们怎样才能让这两方面的事实协调起来呢？

请允许我把这种令人惊奇的现象说得更形象化些。哈布斯堡王朝的一些成员有一种独特且丑陋的下唇畸形（“哈布斯堡唇”[1]）。在王室家族的支持下，维也纳皇家科学院对其遗传进行了仔细研究，并连同完整的历史肖像画一起出版了。事实证明，相对于正常唇形，这个特征是真正意义上孟德尔式的“等位基因”。当我们的注意力集中在16世纪的家族成员和19世纪的后裔的画像上，我们可以有把握地假设，造成这种异常特征的物质基因结构在几个世纪中代代相传，每一次都忠实地复制了基因的结构，尽管在这个过程中细胞的分裂次数并不

1. 哈布斯堡家族（House of Habsburg）是欧洲历史上极为显赫、统治地域广阔的王室之一，其家族成员曾出任神圣罗马帝国皇帝、奥地利皇帝、匈牙利国王、波希米亚国王、西班牙国王、葡萄牙国王等。哈布斯堡家族历史上多代近支联姻，基因缺陷逐渐累积，于是出现了所谓“哈布斯堡唇”，这是一种由前突畸形的遗传疾病导致的下颌突出，患上这种病的人下颌生长速度比上颌快。——译者注

多。此外，这一基因结构所包含的原子数目可能与用 X 射线实验测得的数目拥有相同的数量级。在所有这些时间里，该基因一直保持在37℃[1]左右的温度。它似乎在几个世纪以来一直没有受到热运动的无序趋势的干扰，我们应该怎样理解这种现象呢？

如果一个物理学家在 19 世纪末[2]准备只利用那些他能解释的、他真正理解的自然规律来理解这个问题，那么他就会对此一筹莫展。也许，在考虑了统计情况之后，他会做出如下回答（这正是我们即将看到的正确回答）：这些物质结构只能是分子。在当时，关于“原子结合体”的性质，化学家们已经可以提供一些基本的认识，了解到它们可能具有很高的稳定性，但这些知识纯粹是经验性的。分子的性质仍然不为人所知——使分子保持形状的强大的原子间的化学键，对当时的人来说都完全是个谜。事实上，这个答案被证明是正确的。但

1. 薛定谔原文用的是华氏温度（98℉）来描述人体的体温，换算成摄氏温度，大约为 36.67℃。在正常情况下，人体的体温一般在 36~37℃ 附近波动，经口腔测量的体温一般为 36.1~37.5℃，腋窝温度较口腔温度低 0.2~0.5℃。——译者注

2. 原文中薛定谔写的是“上个世纪末”，这里为避免误解，改为“19世纪末”。在19世纪末，经典力学和经典电磁学的体系已经被建立起来，然而分子运动论还没有被广泛接受，量子力学和相对论也还没有被提出。——译者注

科学规律的相似性与等价性

在科学中也有许多非常相似的规律，例如万有引力定律和库仑定律看起来非常相似，它们都遵循平方反比律。这种相似性常常让人以为引力作用和电磁相互作用有着相同的本质，然而，现在还没有真正的“大统一理论”将引力与电磁力等相互作用统一起来。因此，尽管这两个定律看起来非常相似，但正如薛定谔所说，只要原理本身是未知的，这种“证明”是完全靠不住的。

在日常生活中，我们常常看到一些人打着“科学”的旗号宣传一些似是而非的东西，例如把一些难解的复杂现象或者随机现象解释为“量子力学”。尽管量子力学和这些现象表面上看起来有些相似之处，但这种行为完全谈不上“证明”，这些人并不了解真正的量子力学基本原理，这种行为不过只是自欺欺人而已。另外，在阅读本书（或者其他科学家的著作）时，我们也需要常常提醒自己分辨清楚哪些内容是在讨论“相似的特征”（如一些科学猜想、假说、类比等），哪些内容是真正的证明和逻辑推理。

不过，在统计物理的相变现象中，的确有许多相似的物理规律可以证明其在本质上等价。这涉及了“普适类”（universaity class）的概念。属于同一个普适类的系统具有非常相似的性质，而这些性质与系统的大部分细节无关，仅由系统中的少数关键因素，如系统的维数、对称性等所决定。两个看似非常不同的系统有可能属于同一个普适类，例如二维平面对气体分子的吸附问题就和某种特殊的二维磁系统模型是等价的。

是，只是将神秘的生物稳定性仅仅追溯到同样神秘的化学稳定性，那么它的意义就很有限。尽管证明了两个表面上看起来相似的特征基于同一原理，但只要原理本身是未知的，那么证明就总是靠不住的。

4.2　量子论可以解释遗传机制

对于这个问题，量子论可以提供其解释。根据现在的了解，遗传机制是和量子论紧密相关的，不，我们应该说：就建立在它之上。[1]马克斯·普朗克于 1900 年提出了量子论。而现代遗传学可以追溯到德·弗里斯、科伦斯和切尔马克（1900）对孟德尔论文中各种遗传现象的重新发现，以及德·弗里斯关于突变的论文（1901—1903）。量子论和现代遗传学这两个伟大理论几乎同时诞生，因此，毫不让人意外的是，需要等到这两个理论发展一段时间直到成熟之后，才能找到这二者之间的联系。量子论这边花了超过1/4世纪的时间。直到 1926—

1. 遗传信息的稳定性的确与遗传物质（即 DNA 分子）的稳定性有关，然而，现代分子生物学的研究成果已经表明，遗传物质的稳定性不是仅仅用量子论（或者量子力学）就能解释的。在生物体内存在着大量的分子生物学机制（例如 DNA 的损伤修复）以维持遗传物质的稳定性。因此在阅读本章的内容时，读者们需注意到相关讨论的局限性。——译者注

1927年间，W.海特勒和 F.伦敦才基于量子论的基本原理，提出了关于化学键的理论。海特勒—伦敦的理论涉及量子论发展出的最新、最精妙的概念（叫作“量子力学”或者“波动力学”）。如果不用微积分，是几乎阐述不了这些理论的。或者说，假如不用微积分，那就至少还需要再花这本书这么长的篇幅来阐述。不过，幸运的是，相关的理论都已经完成，这有助于我们澄清相关的思路。在接下来的讨论中，我们将聚焦于其中最引人注目的概念，用更加直接的方式阐述“量子跃迁”和“突变”之间的联系。

4.3　量子论—不连续状态—量子跃迁

量子论的重大启示在于发现了自然界中的不连续性这一特点。在此之前，任何不连续的事情看上去都很奇怪。

量子现象的第一个例子和能量有关。宏观物体会连续地改变它的能量。比如，由于空气阻力，振动的钟摆会逐渐慢下来。奇怪的是，我们不得不承认，系统的行为在原子尺度上却有所不同。虽然，有些背后的原理我们暂时还没办法讨论，但我们必须假定，微小的系统在

价键理论的发展

价键理论（valence bond theory）是一种求解薛定谔方程的近似方法，又称为电子配对法。它是历史上最早发展起来的处理化学键的量子力学理论。早在量子力学诞生之前的1916年，美国化学家刘易斯（Gilbert Newton Lewis，1875—1946）就提出了最早的共价键理论，这一理论可以视为价键理论的前身。1927年，在薛定谔刚刚提出薛定谔方程（1926）之后不久，两位德国犹太裔科学家就基于薛定谔方程的解提出了基于量子力学的价键理论。这两位德国科学家分别是海特勒（Walter Heinrich Heitler，1904—1981）和F.伦敦（Fritz Wolfgang London，1900—1954）。这两位科学家将量子力学引入化学中，海特勒首先找到了用两个氢原子波函数的正项、负项和交换项组合起来形成共价键的基本思路，他随后和F.伦敦二人讨论出了这个模型的细节，提出了“海特勒—伦敦模型”。他们的研究表明，可以从量子力学的基本原理出发解释物质的化学结构，奠定了“量子化学”这门学科。后来由于纳粹上台，这两位犹太裔科学家遭受迫害，离开了纳粹德国，其中海特勒和薛定谔成为同事，两人都在都柏林高等研究院工作（中国的两弹元勋彭桓武院士就曾经是薛定谔和海特勒的学生）。F.伦敦则先后流亡英国和美国，他后来还在超导、潮流等领域做出过重要的贡献。

海特勒—伦敦模型可以成功地解释氢分子中的化学键的本质，然而，这一理论过于简单，以至于无法直接用于氢分子以外的其他分子。后来，在化学家鲍林（Linus Carl Pauling，1901—1994）等人的努力下，通过引入共振结构式、轨道杂化等概念，将价键理论成功地推广到了更大的分子中。

本质上就只能取某些离散的能量值。它们叫作能级。从一个状态变成另一个状态的转变是个相当神秘的过程，通常称为“量子跃迁”。

但是能量并不是系统唯一的特征。我们仍以钟摆为例，但要把它想象成一个能以不同形式运动的钟摆。设想从天花板上垂下来一根细线，系上一个重球，使它不仅可以沿着南北方向摆动，也可以沿着东西方向摆动，甚至可以画圆圈或者椭圆。如果我们用一个风箱轻轻地朝着重球吹气，就可以让它从一种运动状态连续变化到另一种运动状态。

对微观尺度的系统而言，除了能量以外，绝大多数类似的特征都不能连续变化，[1]不过，在此我们就不能细说了：它们也是“量子化”的，就和能量一样。

这将会造成如下结果：我们来考虑这样一个“系统”，它包括几个原子核连同围绕它们运动的电子，当这些粒子相互靠近时，该系统在本质上不能任意选择想象中的构型（configuration），而只能从大量离散的“状

1. 一个典型的例子就是电荷。对于通常的原子核、电子等微观粒子，那么电荷通常只能取电子电荷（e）的整数倍，如一个电子电荷（1e）、两个电子电荷（2e）等，而不能取 1.5 个电子电荷。类似的量子化的物理量例子还有动量、角动量等。——译者注

态”系列中进行选择[1]。我们通常把这些不连续的状态称为能级，因为能量与这些态的特征紧密相关。但读者也必须明白，想要完整描述这些态，远远不能只靠能量。[2]当我们在说系统的某个态的时候，实际上我们等于是在说系统中所有粒子的某个确定状态。

系统由一个构型变为另一个构型，就是所谓量子跃迁（quantum jump）。如果转变后的状态拥有更高的能量（“高能级”），系统就需要从外界获得这份能量。外界提供的能量，至少要达到两个能级之间的能量差，才能使跃迁有发生的概率。如果变化后的状态能量更低，跃迁就有可能自发发生，并把多余的能量以辐射的形式释放出来。

4.4 分子

在由多个原子所构成的体系中，系统可以从大量的

---

1. 这里，我采用的是比较通俗的讲法，它可以满足当下的需求。但是我担心，有人因此产生误解。实际的情况远比我说的复杂，因为系统还存在着所处状态的不确定性。[在真实的情况中，一个例子还有可能处在多个不同的非连续状态的叠加态上，例如在经典案例“薛定谔的猫”中，猫就处在“生”和“死”两种状态的叠加态上。——译者注]
2. 通常还会需要其他物理量（例如动量、角动量、自旋等）来确定一个系统的状态。我们可以用离散（discrete）、分立、量子化等多种不同的词来描述这种非连续性。——译者注

不连续的状态中进行选择，这时，系统很可能会存在一个能量最低的状态（虽然并非所有情况下都存在能量最低态）。在这个能量最低的状态下，原子们互相靠得很近。在这样的状态下原子聚集体会构成一个分子。这里我想强调的一点是，这个分子必须具有一定的稳定性；除非外界能够提供足够的能量，以满足将它们“提升”到更高能级所需要的能量差，否则分子的构型将不会发生改变。因此，能级差是一个具有良好定义的量，它的数值定量地决定了分子的稳定性。由此可见，分子的稳定性与量子论的基本概念（即存在非连续的能级）之间，有多紧密的联系。

在这里，请读者们姑且相信，与上述观点相关的理论已经经过了化学事实的彻底检验；这一理论不仅可以成功解释化合价的基本事实，也可以描述分子结构的许多细节，例如分子的结合能、分子在不同温度下的稳定性等。这一理论即为上文中涉及的海特勒—伦敦理论，不过正如我在前面提到的，我们无法在这里解释该理论的细节。

4.5 分子的稳定性取决于温度

接下来，为了解决先前提出的生物学问题，我们要来讨论一个最为关键的问题，即分子在不同温度下的稳定性。假设原子所组成的系统一开始处在其最低的能级上，物理学家们会将这种分子称为处在绝对零度[1]的分子。为了将它提升到下一个能量较高的态，需要供给一定的能量，而最简单的供能方法就是“加热”分子。你可以将这个分子放入温度更高的环境（“热浴”）中，从而让其他系统（原子、分子）去碰撞它。由于热运动是完全无规则的，因此，没有什么特定的温度能够保证分子的能级必然或者立即发生“跃升”。相反，在任意热浴温度的条件下（只要不是绝对零度），这种能级的跃升总有可能发生，只不过其概率有大有小。当热浴的温度升高时，升温的概率当然也更大。描述这种概率的最佳方法是“期望时间”，即能级跃升所需等待的平均时长。

1. 绝对零度是热力学的最低温度，它等于−273.15 ℃，这一温度是粒子动能低到量子力学最低点时物质的温度。——译者注从迈克·波拉尼和尤金·维格纳的一项研究中可知[1]，“期望时间”很大程度上取决于两个能量之间的比值，一个就是影响能级跃升所需要的能量（记为 W），另一个则代表了目标温度下热运动的强度（我们将这一绝对温度记为 T，相应的特征能量记为 kT）[2]。我们有理由认为，如果分子发生能级跃升所需的能量远高于环境的平均热能，即 W/kT 的比值较大，那么跃升的概率就比较低，期望时间也就比较长。令人惊讶的地方在于 W/kT 比值的微小差异，就能相对显著地影响期望时间。举个例子（这个例子来自德尔布吕克）：如果 W 是 kT 的 30

1.《物理化学杂志A》[*Zeitschrift für Physik. Chemie (A)*]，Haber-Band (1928), p. 439.［迈克·波拉尼（Michael Polanyi，1891—1976）是匈牙利出生的犹太人，1933 年因受纳粹迫害逃到了英国。波拉尼对物理化学、经济和哲学都有很重要的贡献，他的儿子约翰·查尔斯·波拉尼（John Charles Polanyi，1929— ）也是著名化学家，1986 年获得诺贝尔化学奖。尤金·维格纳（Eugene Paul Wigner，1902—1995），物理学家及数学家，他奠定了量子力学对称性的理论基础，在原子核结构的研究上有重要贡献，1963 年由于其“在原子核和基本粒子物理理论上的贡献，尤其是基本对称原理的发现与应用”获诺贝尔物理学奖。尤金·维格纳也是匈牙利出生的犹太人，后因纳粹迫害移民美国，参与了美国的原子弹项目“曼哈顿计划”，曾参与建立人类第一个核反应堆。——译者注］

2. k 是一个已知常数，叫作玻尔兹曼常数。$3kT/2$ 是由原子组成的气体在温度 T 下的平均动能。［在温度为 T 时，每一个“自由度”可以为平均动能贡献 $kT/2$，而由于气体原子有 3 个自由度（即前后、左右、上下），因此总共为 $3kT/2$。关于玻尔兹曼常数的更多介绍，可以参考本书第 6.6 节的内容。——译者注］

倍，那期望时间只有0.1秒；但当W是kT的50倍时，期望时间就会延长到16个月；而当W是kT的60 倍时，期望时间则会是3万年！

4.6 数学插曲

对于那些对数学感兴趣的读者来说，或许我有必要用数学语言来解释，为何期望时间对温度的变化会表现得这么敏感，同时，我还要补充一些相关的物理学说明。之所以如此，是因为 W/kT的比值，会通过如下的指数函数来影响期望时间（将其记作t）：

$$t=\tau e^{W/kT},$$

上式中的τ是一个非常微小的常数，量级在10^{-13}~10^{-14}秒之间。这个特殊的指数函数的出现并非偶然，它在热统计理论中反复出现，已经成为该理论的基石。这个量可以衡量系统中的某个部分偶然聚集 W 这么大的能量的不可能性的概率[1]。如果系统需要聚集相当高的能量W，使其达到了“平均能量”kT的好几倍时，事件的发生将变得极端不可能。

事实上，$W=30kT$（见上文引用的例子）已经极其罕见了，但这依然还没有导致出现很长的期望时间（在我们的例子中，等待时间只有 0.1 秒）。当然，这是因为系数τ很小。该系数有其物理意义，它与系统中持续不断发生的振动的周期在数量级上相等。你可以大致认为该系数代表着在“每一次振动”中，通过微小的、反复发生的能量累积，最终达到目标能量W的概率。也就是说，能量累积的速度差不多是每秒10^{13}~10^{14}次。

4.7　第一个修正

在用上述理论来解释分子稳定性时，我们已经默认了，我们称之为“跃升”的量子跃迁，即使不会导致分子的分解，也至少能使这些一团原子的构型发生本质改

1. 这与我们通常所说的“事件发生的概率”恰好相反，当这一指数函数的数值越大，就代表事件发生的概率越低越不可能发生相应的事件。它的倒数对应于事件发生的概率，在统计物理中，其倒数被称为“玻尔兹曼因子”。——译者注

变。化学家称之为同分异构体（isomeric molecule），即由相同的原子组成，但排列方式不同的分子（在生物学的应用中，这种分子即对应于相同“基因座”上的不同“等位基因”，而量子跃迁则对应于突变）。[1]

为了使这样的解释成立，有必要对上述讨论做出两个修正。因为在前面的讨论中，为了便于理解，我有意对问题做了简化。按照之前的说法，一团原子只有当处在能量最低态时，才能形成分子，而能量与其接近的、其他能量更高的态已经是“别的什么东西”了。但事实并非如此，实际上，在最低的能级之上，还有一系列密集排列的能级，这些能级并不涉及整个分子构型可察觉的变化，而只是对应于我们前面提到的原子间的那些小的振动。这些振动也是“量子化”的，但是振动能级之间的能量间隔相对比较小。因此，在相当低的温度下，“热浴”中粒子的撞击可能就已经能激发这些振动。如果分子的结构比较延展，你就可以把这些振动看成穿过分子的高频声波，它们不会对分子造成任何伤害。

1. 随着分子生物学的发展，我们现在已经对基因的突变和遗传物质（DNA）的损伤等有了更深刻的认识。许多不同的机制都有可能导致突变，例如在细胞分裂期间，细胞核中的 DNA 在复制中产生的随机错误往往会引发突变，此外，暴露在辐射或会损伤 DNA的化学物质中也会引发突变。——译者注因此，第一个修正并没有那么关键：我们需要在能级体系中忽略“振动精细结构”。而“相邻的高能级”这个术语必须解释为：能使分子的构型发生改变的下一个能级。

4.8 第二个修正

第二个修正解释起来就困难得多，因为它涉及相关不同能级之间的某些重要而又复杂的特征。我们不能只考虑两个能级之间的能量差，因为在两个不同的能级之间的自由通道可能存在障碍；事实上，即使是从较高能级转变到较低能级，也有可能会遇到障碍。[1]

让我们从经验事实开始。化学家都知道，同一组原子的集合体，可以用不同的方式构成分子。这些分子叫作同分异构体（其含义为“由相同成分构成的”，这个词来自古希腊语，其中“ἴσος”表示“相同”，“μέρος”表示“成分”）。同分异构体并不是特例，而是普遍的规则。一个分子越大，其可能的同分异构体就越多。图11

1. 如果把能量的“跃升”看成把物体从低处搬运到高处，那么在前文的讨论中，只涉及了“能量差”（可以类比为“高度差”），然而，就像在物体的搬运过程中可能需要绕过各种障碍物（越过一些小山坡）一样，物理体系中的能量改变同样有可能涉及不同的路径（即这里所说的“自由通道”），需要跨越一定的“门槛”（能垒）。——译者注

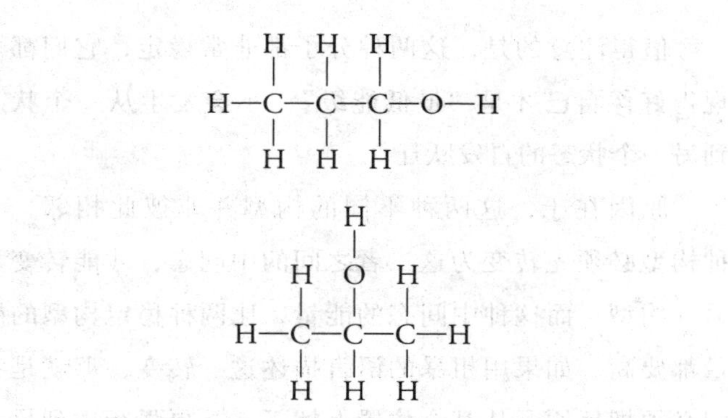

图11　丙醇的两种同分异构体

列举了其中一个最简单的例子：两种丙醇[1]。它们都有3个碳（C）原子，8个氢（H）原子，1个氧（O）原子[2]。我们可以把一个氧原子插入在任意的碳原子和氢原子之间，实际上，对应于如图11所示的两种不同物质[3]。这两种分子的物理和化学性质完全不同，它们的能量也不同，因此代表了“不同的能级”。

1. 这两种丙醇分别被命名为“正丙醇”和“异丙醇”。——译者注
2. 在演讲现场，我展示了分子的模型。C、H和O原子分别用黑色、白色和红色的木球表示。这里我没有放上模型的图片，因为它们并不见得比图11中所示的更接近分子实际的样子。
3. 在丙烷 CH_3—CH_2—CH_3分子中，氧原子可以插入左侧、右侧，或者中间的碳原子，以及与之相邻的氢原子之间，形成丙醇，然而由于对称性，左侧或者右侧的碳原子其实是等价的，因此只有两种不同的丙醇结构。——译者注

值得注意的是，这两种分子都非常稳定，它们都表现得好像自己才是“最低能级”，不会发生从一个状态到另一个状态的自发跃迁。

原因在于，这两种不同的构型并非彼此相邻。一种构型必须先转变为这二者之间的中间态，才能转变为另一构型。而这种中间态的能量，比两种稳定构型的能量都要高。如果用粗暴的语言描述这一转变，那就是我们必须把氧原子从某个位置上拽下来，再强行插到另一个位置上。如果不经过能量明显更高的构型，似乎没有什么其他方法能实现这种转变。这里所涉及的状态，通常可以用像图12这样的示意图来表示，图中的“1”和“2”分别代表两种同分异构体，“3”代表它们之间的“门槛”[1]，图中的两组箭头则代表的是为了达到状态之间的转变（即从态 1 转变为态 2，或是从态 2 转变为态 1），在转变的“跃升”过程中所需要的能量。

现在，我们就可以给出“第二项修正”了。这个修正是说，在生物应用中，我们只需要关注“同分异构体”

1. 薛定谔原文中的“门槛”（threshold）一词现在通常译作“阈值”，比喻从一个态跨过一个突起的“门槛”（即“能垒”）到达另一个态的过程。在转变的跃升过程中所需的能量被称为“活化能”（activation energy）。——译者注

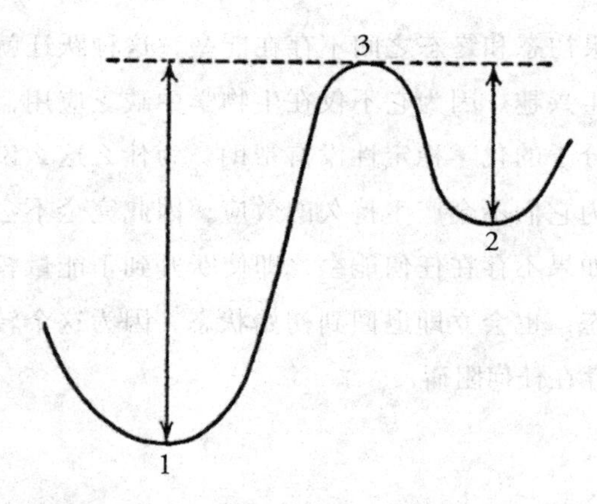

图12 在两种同分异构体的能级（1）和（2）之间的能垒（3）
图中的箭头表示的是转变所需的最小能量

之间的转变。这就是在解释第 4.4 ~ 4.6 节提到的“稳定性”时需要考虑的情况。我们这里讨论的“量子跃迁”，指的就是两种相对稳定的分子构型之间的相互转变。转变所需的能量（记作W）并非是两态之间的实际能量差，而是从初始能级到能垒之间的能量差（如图12中的箭头所示）。[1]

1. 更具体地来说，如果把态1、2、3的能量分别记作E_1、E_2、E_3，那么从态1转变到态2所需的能量W并非是简单地用末态能量减去初态能量E_2-E_1，而应当是如图中箭头所示的E_3-E_1，因为态3是转变过程中必须经过的一个转变态。——译者注如果初态和终态之间不存在能垒，这种跃迁就不会让人产生兴趣。因为它不仅在生物学中缺乏应用，实际上也对分子的化学稳定性没有帮助。为什么这么说呢？这是因为它们不会产生持久的效应，因此完全不会被观察到。如果不存在任何能垒，即使跃升到了能量较高的最终状态，也会立即退回到初始状态，因为这个转变过程中不存在任何阻碍。[1]

1. 薛定谔的这种说法并不完整。事实上，如果把自由基（即含有不成对电子的原子或基团）也考虑进来的话，会发现许多涉及自由基的反应是无能垒的，例如甲基自由基结合为乙烷等，这类反应（barrierless reaction）被称为“无能垒反应”或者“无过渡态反应”。——译者注

第五章 对德尔布吕克模型的讨论和检验

> 正如光明显示自身并显示黑暗，所以真理既是真理自身的标准，又是错误的标准。
>
> ——斯宾诺莎，《伦理学》第二部分，命题四十三[1]

5.1 遗传物质的一般图像

根据上面讨论的事实，我们可以回答一个基本的问题：这些由少量的原子形成的结构，是否有能力经受长时间热运动带来的干扰而作为遗传物质长期存在？我们

1. 薛定谔所引用的这段话为该命题的“附释”部分，原文为拉丁文，薛定谔在脚注中给出了英文翻译，我们在这里引用了贺麟译的斯宾诺莎《伦理学》。而命题四十三的原文为：“凡有真观念的人，必须同时知道它具有真观念，他绝不能怀疑他所知道的东西的真理性。”在这里，斯宾诺莎提出真理可以帮助我们明辨是非，因此真理本身应该作为真理的标准，我们依据这些真理作为标准，方能判断何为“错误”。——译者注

假定基因的结构就是一个巨大的分子，它只能发生离散的变化。变化后，原子重新排列成同分异构体分子[1]。这种重新排列可能只是发生在基因上很小的一个部位，而且可能有很多种不同的重排方式。与一个原子的平均热能相比，分隔正常构型和任何可能的同分异构态的能垒必须足够高，才能使构型之间的转变成为罕见事件。这种罕见的变化就是我们所说的基因自发突变。

在本章的后半部分，我们会致力于检验这种（主要由德国物理学家德尔布吕克提出的）基因和突变的一般图像，并将其与遗传学事实进行详细比较。在此之前，我们不妨简单谈谈这个理论的基础和普遍特征。[2]

5.2　这个图像的独特性

我们真的有必要追根究底，用量子力学的图像来解决这个生物学问题吗？我敢说，关于基因是分子的推

1. 其中也完全有可能涉及基因与环境之间的物质交换，但为了方便，我仍会称为同分异构跃迁。
2. 薛定谔在本书中所讨论的德尔布吕克提出的关于基因和突变的一般图像（详见本书第3.10节）主要是关于遗传物质尺寸大小的一系列估算："如果电离（或激发）发生在染色体特定位点周围不超过'10个原子'范围内，就很有可能产生突变。"——译者注

测，如今已经成为共识，很少有生物学家会否认这一点，无论其是否熟悉量子论。在第4.1节中，我们冒昧地借由量子论出现之前的物理学家之口，提出了这一假设，并以此作为说明基因持久性的唯一理由。接下来，我们就开始讨论同分异构体和能垒，并考察 W/kT 的比值在决定同分异构转变概率中的关键角色。即使不用量子论，我们也可以用纯粹经验的方式推导所有这些结论。既然我无法在这本小书中完全讲清楚量子力学的观点，而且读者们可能也厌烦了这套语言，那为何我还如此坚持呢？

这是因为，量子力学是首个能从第一性原理层面来解释自然界中所有种类的原子团[1]的理论。海特勒—伦敦键就是量子力学理论的一个独特的推论，它最初并不是为了解释化学键而被提出的，而是以一种有趣而且费解的方式出现的，因其源于全然不同的考虑而更具有说服

1. 这里薛定谔提到的“所有种类的原子团”不仅包含各种处在能量最低状态的分子，也包括例如离子、自由基以及分子的激发态等。理论上这些体系都可以根据量子力学的第一性原理来计算。然而实际上，在复杂的分子体系中精确求解薛定谔方程几乎是不可能的，在求解时必须引入各种近似，于是就发展出不同的计算方法。——译者注

力。[1]现已证明，它与观察到的化学事实严格吻合。而且正如我所说，我们对这个独特的观点已有足够深入的认识，因此可以相当肯定地说，在量子论未来的发展中，"类似的事情再也不会发生了"。

因此，我们可以有信心断言，遗传物质一定是分子，这是唯一可能的解释。从物理学的角度看，没有其他能够解释遗传物质稳定性的选项。如果德尔布吕克的理论错了，那我们就不得不放弃努力。这就是我想说的第一个观点。

5.3 一些传统的错误概念

也许有人会问：除了分子之外，真的就没有其他由原子组成的结构，可以长时间维持不变了吗？例如，埋藏在坟墓中长达数千年的金币，当初压印在币面上的肖像，不也是被保留下来了吗？的确，金币是由无数原子

1. 薛定谔在这里想强调的是：海特勒—伦敦模型是基于量子力学的基本假设而提出的，而不是为了解释某种实验现象的"唯象模型"。在海特勒—伦敦模型中，根据量子力学的基本假设考虑了电子的"不可区分性"，由此引入了一些特定的对称性。——译者注

组成的[1]。但是在这个例子里，我们显然不会用大量原子的统计规律来解释金币的持久性。完美生长的晶体也是如此。这些晶体生长于岩石之中，它们在漫长的地质年代中也从未改变过。

这就引出我想要说明的第二个观点。分子、固体或晶体在本质上并没什么不同。根据现在已知的知识，它们其实本质上是一回事。遗憾的是，学校的教学中还存在一些早已过时的传统观点。这些观点对我们理解实际问题造成了困扰。

事实上，我们从学校学到的关于分子的知识忽视了分子与固态物质的相似性，这让我们以为分子与液态或气态物质更为接近。相反，教科书向我们传递的是物理变化和化学变化之间的区别：分子在物理变化的过程中不发生改变，譬如熔化和蒸发（例如，不论是固态、液态还是气态，酒精都由相同的乙醇分子C_2H_6O组成）。而分子在化学变化中则发生改变。例如酒精燃烧：

$$C_2H_6O + 3O_2 = 2CO_2 + 3H_2O$$

其中，一个乙醇分子和三个氧分子重新组合，形成

1. 更严格地说，金币是以“金属晶体”的形式存在的，其中并没有“金属原子”，而是由金属阳离子和自由电子以“金属键”的形式所构成的。——译者注

两个二氧化碳分子和三个水分子。[1]

关于晶体，我们还学到，它们构成了三维的周期性晶格。有些晶体中可以识别出单个分子的结构，例如酒精和大部分有机分子的晶体；而其他晶体，例如岩盐（氯化钠，NaCl），就无法区隔出单个氯化钠分子，因为每一个钠离子周围都对称地围绕了6个氯离子，反之亦然。[2]因此，无论选取哪一对钠离子和氯离子作为单位分子都没问题。

最后，我们还学到，固体可以是晶体，也可以不是晶体。如果是非晶体，我们就将其称作无定形态。[3]

---

1. 薛定谔在这里已经敏锐地注意到，在生命有关的化学反应中，常常涉及无法准确划分“物理变化”或者“化学变化”的材料。在生活中也有很多这样的例子，例如我们用剪刀剪碎一个塑料袋，这个过程表面看起来只涉及物理变化，可由于塑料袋是由高分子聚合物材料所构成的，其中包含大量的长链，在剪开一个塑料袋时，肯定会把部分的长链分子剪断，导致分子发生改变，因此又是一个化学变化。构成生命的重要分子，例如糖（纤维素、淀粉等）、核酸（DNA、RNA等）和蛋白质等也都是高分子。——译者注
2. 氯化钠是一种离子晶体，它属于离子化合物中的一种特殊形式，因此严格来说不能称为“分子”。在氯化钠晶体中也不存在“钠原子”和“氯原子”，而是钠离子和氯离子，在原文中，薛定谔并没有区分“原子”和“离子”。这里为了避免误导，我们进行了相应的调整。——译者注
3. “无定形态”的非晶体固体也被称为“玻璃态”，氧化物玻璃、非晶合金和高分子化合物等都属于非晶体。在第 1.2 节的补充材料中，我们已经介绍并且比较了晶体和非晶体的概念。——译者注

5.4 不同的物“态”

到目前为止，我倒还不至于说所有上述传统的论点和区分全部都是错误的，因为在实际应用中，它们还是有用的。可如果从物质结构的根本原理上来看，我们对于不同物态的认识还可以有另外的角度。以下两行“等式”才是最本质的区别：

分子=固体=晶体

气体=液体=无定形态

我必须简单解释一下这种说法。所谓无定形固体[1]，要么不是真正的无定形，要么就不是真正的固体。X光发现，“无定形碳”中的基本结构是石墨晶体。因此，无定形碳是固体，而且是晶体。[2]如果我们在一个材料中找

1. 在物理学中，狭义的“固体”就是指“晶体”（例如金属、氯化钠晶体、冰、金刚石、单晶硅等），而广义的“固体”概念既包含了结构高度有序的“晶体”，也包含了结构高度无序的“无定形态固体”（例如玻璃、聚合物、凝胶等）。——译者注
2. 在矿物学中，“无定形碳”包含了煤炭等许多种既非石墨也非金刚石的不纯碳。严格来说，“无定形碳”的确是并非完美的晶体，然而由于在无定形碳中，也依然含有直径极小的（<30纳米）二维石墨烯或三维石墨微晶，因此从结晶学的角度来看，这种“无定形态”并不是真正意义上完全无序的非晶体，而是富含石墨等结构的一种“多晶体”材料。——译者注

不到晶体结构，就必须将它们视为“黏度”（内摩擦）极高的液体。这种物质没有固定的熔点，熔化时也没有潜热。在加热时，这种物质会逐渐变软，最终慢慢地变为液体，在转变为液体的过程中，没有任何的不连续。所以说，它们不是真正的固体。（我记得，第一次世界大战末期，我们在维也纳得到了一种沥青状的东西，用它来替代咖啡。这种东西非常硬。你得用凿子或者小斧头去砸它平滑的、贝壳状的缺口才能将它打碎。可是如果你不小心把它留在杯子里，过了几天，它就会变得像液体一样，严严实实地粘满杯底。）

众所周知，气态和液态拥有连续性。如果能使气体“超越”所谓临界点，就可以在不出现任何非连续性的情况下，液化任何气体。不过对于这个问题，我就不再赘述了。[1]

---

1. 液体和气体是两种不同的物态，通常从液体到气体之间的转变存在着不连续性。（例如水蒸气原本占据一定的体积，然而当水蒸气凝结为液态水之后，相应的体积则很小，这一过程中的体积变化就是非连续的。）然而，当气压和温度达到一定值时，“因高温而膨胀的水”和“因高压而被压缩的水蒸气”密度正好相同，此时，水的“液态”和“气态”就没有区别，可以连续地从液态过渡到气态。这时的水是一种处在“超临界态”的流体，兼具液体和气体的性质。——译者注

沥青滴漏实验

著名的“沥青滴漏实验”可以解释薛定谔所描述的这种现象。沥青滴漏实验是全球持续时间最长的实验，这个实验曾经在2005年获得搞笑诺贝尔奖（Ig Nobel Prize）。实验的目的是测量极高黏度沥青在室温环境下的流动速度，这个实验由澳大利亚的昆士兰大学（University of Queensland）从1927年开始进行。当时，物理学教授帕奈尔（Thomas Parnell，1881—1948）把一些沥青放进一个封了口的漏斗内。尽管沥青看起来就像坚硬的固体，但它实际上仍然是一种可以流动的液体。1930年，当漏斗封口被剪开时，沥青开始缓慢流动。每一滴高黏度沥青需要经过10年左右的时间，才能滴进漏斗下方的烧杯之中。截至目前（2021），已滴出9滴沥青，滴落的年份分别是1938年、1947年、1954年、1962年、1970年、1979年、1988年、2000年和2014年。之所以近年来沥青滴落的时间间隔有所延长是因为实验室在20世纪90年代之后安装了空调。

5.5 物质结构中真正重要的区别

这样，我们就已经解释了上一节中“等式”的物理意义。不过我们还漏掉了最关键的一点：我们希望把分子看作是固体，也就是晶体。

理由如下：少量原子构成分子，而无数原子则构成真正的固体——晶体。无论在分子中还是在晶体中，把原子相互连接起来的力本质上都是一种。[1]分子的结构和晶体一样稳固。我们得记住，我们正是通过这种稳固性来说明基因的持久性的！

物质结构中真正重要的区别在于，原子究竟是否由那种“具有稳固作用”的海特勒—伦敦力结合在一起。在固体和分子中，原子都是由这种力而结合的。在单原子气体（例如汞蒸气）中则不是。在由分子组成的气体中，只有每个分子内部的原子是以这种力结合的。

---

1. 薛定谔在这里的说法并不严格。只有在原子晶体中（如金刚石、二氧化硅等），把原子连接起来的力和在分子中将原子连接起来的力的确是相同的共价键，这些晶体通常结构稳定，熔沸点高，材料的硬度也较高。而在分子晶体中（如冰、二氧化碳晶体等），把原子连接起来的力是共价键，而把分子连接起来、构成晶体的力则是分子间相互作用（如氢键等），这些相互作用要比共价键强度弱。——译者注

5.6　非周期性固体

一个微小的分子可以视作“固体的胚芽”。从这样一个微小的固体胚芽开始，似乎有两种方式可以构成越来越大的集合体。一种是相对比较单调无趣的方式，即在3个方向上不断重复相同的结构，晶体生长采用的就是这种方式。在这种方式中，一旦周期性结构被建立起来，这种原子的聚集就不再有大小上的限制了。另一种方式则是，在生长的过程中不采用单调的重复手段，来构成越来越延伸的聚集体。这种方式形成了越来越复杂的有机分子[1]。其中，每个原子或者每个原子团都有自身的作用，和其他部分不完全相同（例如周期性晶体中的情况）。我们可以非常恰当地将其称为“非周期性晶体”或者“非周期性固体”，并提出我们的假说：我们认为，基因——或者说整条染色体纤维[2]——就是一个

1. 这里薛定谔所提到的“有机分子”可以更狭义地理解为“生物大分子”；而前文中提到的“聚合体”既包含各种晶体，也包含一些高分子聚合物。——译者注
2. 染色体纤维是非常柔韧的，这是毋庸置疑的。而一根细铜丝也是很柔韧的。

非周期性固体。[1]

5.7 丰富的内容被压缩在微小的密文中

经常有人问，为什么在受精卵的细胞核这么小的物质中，就可以携带如此丰富而详尽的密文，记录下生物体未来生长发育的所有信息呢？唯一可以想到的物质结构似乎就是把原子高度有序地聚集起来，这样才能拥有足够的抗性来保持自身稳定，也才能够形成多种可能的

1. 这里是整本书最精华的片段之一。薛定谔纯粹通过推理，猜想出了基因的结构。在这本书写作的20世纪40年代，尼龙（聚酰胺,1938年上市）已经工业化了，而聚氯乙烯纤维也已经被发现，薛定谔应该了解这些高分子化学领域的最新进展。在他看来，简单重复的高分子材料（如聚乙烯等）在结构上类似于周期性的固体，用“非周期性固体”的说法可以将各种生物高分子（如蛋白质、DNA等）与人工合成的高分子材料做出区分。后来的研究也的确发现，构成生物大分子的基本单元并不是简单的重复，例如：DNA分子是由两条链所构成，其中每一条链都是由脱氧核糖核苷酸聚合而成，而这些脱氧核糖核苷酸又可以根据其所含碱基类型的不同分成4类（A、T、C、G），4种碱基在一条链上不同的排列顺序就如同薛定谔所预测的“非周期性晶体”。——译者注

（“同分异构”）排列。[1]这种结构足够在微小的空间内容纳下一个复杂的“决定性”系统。而且这种结构中，不需要太多原子，就足以形成几乎无限多可能的排列方式了。举个例子，想象一下由“点（·）”和“划（–）”组成的莫尔斯电码[2]。通过这两种符号有秩序地组合，编成不超过 4 个符号的有序排列就可以表示出 30 种不同的含义。[3]如果你允许自己在点和划之外使用第三种符号，并且每组不超过10个符号，你就可以生成88572种不同的“字母”；如果用5种符号，且每组不超过25个符号，可以生成 372529029846191405种不同的“字母”。

---

1. 现在我们已经知道，在薛定谔的猜想中，与“同分异构”有关的部分并不完全准确。在 DNA 中，编码遗传信息的4种不同的碱基（A、T、C、G）并非同分异构体，它们通常也并不是通过类似同分异构体相互转变的化学反应而产生突变的。不过需要指出的是，薛定谔的猜想深刻而敏锐地意识到了基因序列类似于“非周期晶体”的特征，而且这几种碱基的结构也的确非常相似。——译者注
2. 莫尔斯电码（Morse code）是一种早期的数字化通信方案，它通过时通时断的信号代码的不同排列顺序来表达不同的英文字母、数字和标点符号。它是由美国人萨缪尔·莫尔斯（Samuel Morse，1791—1872）及其助手阿尔弗莱德·维尔（Alfred Vail，1807—1859）在1836 年发明的。——译者注
3. 用两个不同的符号（例如0和1，或者“点”和“划”）写成长度为L的代码，一共可以表示2L种不同的含义，因此不超过4个符号（即位数为1、2、3、4）的代码，一共可以表达$2^1+2^2+2^3+2^4=2+4+8+16=30$种不同的含义。根据类似计算方法，读者可自行验证薛定谔接下来提到的计算结果。——译者注

伽莫夫对遗传密码的估算

乔治·伽莫夫（George Gamow，1904—1968），美籍俄裔物理学家、宇宙学家，他还是著名的科普作家，曾经写作科普书《物理世界奇遇记》。伽莫夫也是最早提出遗传密码模型的人。1953年，伽莫夫参加了由德尔布吕克在冷泉港实验室（The Cold Spring Harbor Laboratory）主办的关于分子生物的研讨会。在这次会议上，刚刚提出了DNA双螺旋结构的沃森和克里克二人在会上介绍了他们的最新研究成果。伽莫夫听完二人的报告之后，跟沃森和克里克写信提出了他对于“遗传密码”的思考。

与薛定谔的思考类似，伽莫夫也是从编码的角度来思考DNA中的信息储存和传递。由于一共有大约20种氨基酸作为构成蛋白质的基本单元，而DNA中只有4种不同的碱基。伽莫夫提出，可以根据氨基酸出现在蛋白质中的频率来作分类，提出以3个碱基一组（即所谓“三联体”），编码20种不同的氨基酸的想法。之所以每个氨基酸需要3个碱基来编码，是因为如果只用 2 个碱基，那么其所能编码的只有 $4^2=16$ 种不同的氨基酸，而如果使用 3 个碱基，那么理论上就可以编码 $4^3=64$ 种不同的氨基酸了。现在我们已经知道：在遗传密码中除了 20 种氨基酸之外，还有“终止”和“起始”等信号；另外，遗传密码具有高度的简并性，即同一种氨基酸可以对应有多个密码子，这样即使密码子中有的碱基出现了点突变，也不影响其所对应的氨基酸种类。

尽管伽莫夫最初信件中所讨论的许多化学与生物学细节是错误的，但毫无疑问，这些思考孕育了“遗传密码”的概念。从薛定谔和伽莫夫的估算中，我们可以学习到这种用基础的数学和物理定性或半定量地分析复杂生命现象的方法和思路。1968 年，美国科学家霍利（Robert William Holley，1922—1993）、科拉纳（Har Gobind Khorana，1922—2011）和尼伦伯格（Marshall Warren Nirenberg，1927—2010）三人因为破解了“遗传密码”并阐释其在蛋白质合成中的作用而荣获诺贝尔生理学或医学奖。

也许有人会不赞同这个类比，认为它是有缺陷的。因为莫尔斯电码可能由不完全相同的字符组成（例如 · -- 和 · · -），直接将它与同分异构体进行类比肯定是不恰当的。为了弥补这个缺陷，我们可以在用5种符号排列组合的第三个例子中，只挑选出那些长度为 25 的排列，并保证其中每种类型的符号都只出现 5 次（如 5 个“点”、5 条“划”等）。粗略地估算可以求得，相应的排列总数大约是62330000000000，我没有仔细计算后面的数字究竟是多少，所以右边的零都只代表数量级。

当然，实际情况下，一团原子的“每一种”排列方式也不是都能代表一种可能的分子。而且，遗传的密文不能随便乱写，因为密文本身必须能够指导生长发育。但另一方面，上面的例子中选取的符号数目（25 个）仍然很少[1]，我们也只设想了直线这种最简单的排列方式。在此，我想说明的是，不难想象，在基因是分子的理论模型下，体积微小的遗传密码的确可以精确对应非常复杂且独特的发育蓝图，而且可以携带实现这些蓝图的方法。

1. 现在我们已经知道，在生命的遗传物质 DNA 或 RNA 中，分别都只包含 4 种不同的碱基，比薛定谔所说的 25 种还要更少。——译者注

5.8 与生物学事实作比较：稳定性，突变的跳跃性

现在，我们终于可以将理论模型和生物学事实作比较了。显然，第一个问题就是，理论图像能否真正解释我们观察到的基因的高度稳定性。能垒高出平均热能 kT 很多倍是合理的吗，这种现象在化学领域中是常见的吗？这些问题简单至极，我们无须查阅科学手册就能够给出肯定的答案。事实上，不管是什么物质的分子，只要化学家能够在某个温度下把它分离出来，它在那个温度下就应该至少拥有几分钟的寿命（这是保守估计，一般说来，分子的寿命会更长）。因此，化学家所遇到的能垒在数量级上必须达到所要求的数量，才能解释生物学家在实践中观察到的遗传物质的持久性。这是因为，第 4.5 节中我们已指出，能垒的高度增加一倍，就足以使分子的寿命从几分之一秒增加到数万年。[1]

请让我也给出一些具体的数字以便之后参考。在第

1. 尽管这里的讨论涉及了“数万年”的时间尺度，但实际上，这里所说“持久性”只包含基因在热扰动情况下的稳定性，并不能解释基因在遗传过程中的稳定性，那些过程则涉及遗传物质复制过程中的校对和基因的损伤修复等机制。——译者注

4.5 节的例子中，我们给出的 W/kT 的比值分别是：

$$W/kT = 30, 50, 60;$$

对应分子的寿命是：

0.1 秒，16 个月，3 万年；

在室温下，对应的能垒是：

0.9，1.5，1.8 电子伏特。

我们有必要解释一下“电子伏特”这个对物理学家而言很简便的单位，因为它很直观。比如，第三个数字 1.8 表示，一个电子经过大约 2 伏特的电压加速，就正好可以获得足够的能量，以便于通过碰撞来激发跃迁。（作为对比，我们日常使用的便携式手电筒所用的电池电压有 3 伏特。）

根据上述分析，我们可以想象，由振动能量的随机涨落所引起的分子在局部区域所发生的同分异构变化，可以解释这种罕见的自发突变事件。因此，我们正是利用量子力学的基本原理，解释了突变中最令人惊讶的事实，就是突变不存在中间状态，而是“跳跃式”的变化，也正因为这一事实，突变才第一次引起了德·弗里斯的注意。

5.9 自然选择基因的稳定性

我们已经发现，任意种类的电离辐射都可以提升自然突变的概率，因此或许会认为自然突变源于土壤和空气中的放射性以及宇宙射线。不过，与 X 射线实验的结果进行定量比较就可以发现，“自然辐射”太微弱了，只能解释很少一部分的自然突变率。

假如我们把罕见的自然突变归因于热运动产生的随机涨落，那么，对于大自然竟然能恰到好处地选取能垒值、使得突变成为罕见事件的这一事实，我们也不应该感到惊讶。这是因为，我们已在之前的讲座中得出结论：频繁的突变对进化有害。如果个体在突变中获得了一个不太稳定的基因结构，其“极端剧烈地”、发生快速突变的后代也很难长期生存下去。因为物种会通过自然选择获得稳定的基因，淘汰不稳定的基因。[1]

1. 这也是本书中薛定谔的一个非常重要的观点。不妨设想这样一种情况：如果某个基因可以帮助生物形成某种非常精巧的复杂结构，让生物可以非常好地适应环境，可这种精巧的复杂结构却并不稳定，一个小小的突变就会大大影响这种结构的功能。这些突变的后代对环境的适应能力将大大减弱甚至无法生存，这也意味着相应的基因在进化过程中无法被稳定地遗传。即薛定谔所说的“物种会通过自然选择获得稳定的基因，淘汰不稳定的基因”。——译者注

5.10 突变体的稳定性通常较低

我们在繁育实验中会发现一些新的突变体，将它们选择出来，是为了要研究它们的后代。对这些突变体来说，我们当然没有理由指望它们都具有很高的稳定性。这是因为，它们还没有接受过大自然的“考验”——也有可能它们已经被考验过了，然而却由于过高的突变率，在野生的繁殖过程中被“抛弃”了。[1]不管怎么说，对于有些突变体事实上比正常的“野生”基因表现出更高的突变率的事实，我们并不感到奇怪。

5.11 不稳定基因受温度的影响小于稳定基因

现在我们可以来检验突变可能性的公式：

$$t = \tau e^{W/kT}$$

1. 这里薛定谔所说的大自然的“考验”是指直接检验拥有相关基因的生物的“适应度”，例如拥有感光器官的生物会比没有的生物更好地适应环境。然而，如果相应的感光器官的基因突变率过高，那么即使这一基因对生物非常重要，在野生的繁殖过程中也依然可能会被抛弃。——译者注

（让我们回顾一下，t 是突变的期望时间，W 是对应的能垒。）我们会问：t 将如何随温度变化？从上面的公式中，我们很容易找到一个不错的近似。在温度分别为 $T+10$ 和 T 的情况下，t 的比值近似为

$$\frac{t_{T+10}}{t_T} = e^{-10W/kT^2}$$

公式中的指数为负数，因此上述比值小于1。突变的期望时间随着温度的升高而变小，也就是说，突变率提升了。这个推论可以被检验，而且已经由生活在不同温度下的果蝇验证了。实验结果乍一看是令人惊讶的。野生基因原本的低突变率明显升高，但是，在某些已经突变过的基因中，本已相对较高的突变率却并未继续升高，或者升高的幅度要小得多。参照上面的两个公式，可以发现，这正是我们预期的结果。根据第一个公式，要使得 t 较大（稳定的基因），就需要较大的 W/kT。但在第二个公式中，较大的 W/kT 值会导致较小的比值。也就是说，在温度升高时，稳定基因的突变率会显著增长。（实际上，这个比例似乎处于1/5 ~ 1/2之间，其倒

数为2~5。这个数值就是我们通常在研究化学反应时用到的范特霍夫因子[1]。)

5.12 X射线如何诱发突变

现在我们来讨论 X 射线所诱发的突变率问题。从繁育实验中，我们已经做出如下推断：首先,(根据突变率与辐射剂量之间的正比关系）我们推断，某种单一事件产生了突变。其次,(根据定量的结果，以及突变率由电离密度决定而非波长这一事实）我们推断，这种单一事件必定是电离或类似的过程。它必须发生在很小的空间中，才能够引发一个特定突变。这个空间，大约是以 10 个原子间距为边长的立方体。根据我们的图像，要克服能垒所需的能量，是通过电离或者激发这样的爆炸式的过程所提供的。我把它称为“爆炸式的”，是因为一次电离中消耗的能量是 30 电子伏特（顺便提一句，X 射线自身并未消耗这些能量，而是由 X 射线产生的次级电

1. 薛定谔在这里所说的“范特霍夫因子”是指在不同温度情况下的化学反应的平衡常数，相关平衡常数的计算需要用到“范特霍夫方程”，它是以 1901 年诺贝尔化学奖得主、荷兰化学家范特霍夫（Jacobus Henricus van't Hoff，1852—1911）的名字命名的。需要注意的是，还有另一个更常用的“范特霍夫因子”用于研究溶液的物理化学性质。——译者注

子消耗的)，这是一个相对较高的能量值。在电离发生的位置，这些能量注定要被转变为剧烈的热运动，并以“热波”——原子剧烈振动形成的波——的形式向周围传播。尽管一个没有偏见的物理学家可能会估计出稍短一些的作用距离，我们也不难相信，在大约10个原子间距远的平均“作用距离”上，这种热波应当仍能够提供跨越能垒所需要的 1~2 电子伏特。大多数情况下，这种“爆炸”所导致的结果不会是有序的同分异构化，而是一种对染色体的损伤。在巧妙设计的杂交实验中，如果未被损伤的染色体（位于同组的另一条染色体上）也被损伤的致病基因所替换，这种损伤就可能会致命的。所有这些都是可预期的，而且也正是实验所观察到的。

5.13 X 射线的效率并不取决于自发突变率

利用这一图像，我们可以了解更多关于突变的特性，即使无法直接预测它们，这些理论也可以帮助我们更好地理解有关的现象。例如考虑基因的突变率，平均来看，不稳定突变体的 X 射线突变率，也不会比稳定的突变体高出太多。这是因为既然射线会释放出 30 电子伏特的能量，那么不管所需要跨越的能垒是 1 电子伏

DNA 的损伤和修复机制

DNA 修复是细胞中经常运行的一种进程。它使基因组免受损伤和突变，对细胞的生存有着至关重要的作用。在人的细胞中，一般的代谢活动和环境因素（如紫外线、X 射线、γ 射线、化学物质等）都能造成 DNA 损伤，它们可能导致 DNA 分子结构的破坏，引发有害突变，影响细胞的存活，有些关键基因（如肿瘤抑制基因）的损伤可能会对个体产生灾难性的后果。DNA 分子的损伤类型有多种。例如，DNA在被紫外线照射后，两个相邻的胸腺嘧啶（T）或胞嘧啶（C）之间可能会形成"胸腺嘧啶二聚体"的结构。一旦这种二聚体形成，RNA引物的合成将停止在二聚体处，DNA的复制也受阻。再例如，X 射线、γ 射线照射细胞后，细胞内产生的自由基有可能会导致 DNA 分子双链间氢键断裂，甚至有可能导致DNA的单链或双链断裂。DNA 分子还可以发生个别碱基或核苷酸的变化，例如与碱基结构类似的一些化学物质就有可能会取代个别碱基，引发突变或者癌变。

为了快速地改正 DNA 分子结构中出现的错误，在不同的生物细胞内发展出了多种 DNA 修复机制，在多种酶的作用下，生物细胞内的DNA分子在受到损伤以后，仍然有可能恢复结构。由于DNA的双链结构，当DNA双链中的一条链发生损伤时，另一条链这时候就可以作为模板，辅助损伤的修复。单链的修复机制包括光逆转、碱基切除修复、核苷酸切除修复、错误配对修复以及单股DNA断裂修复等。例如前面提到的胸腺嘧啶二聚体的损伤，就有可能在某一波长可见光和酶的帮助下实现修复（光逆转）。而如果DNA出现了双链的断裂，细胞有可能通过“同源性重组”修复的方法来弥补，所谓“同源性重组”是指当细胞内一条染色体的DNA出现双链断裂时，利用细胞内的同源染色体作为模板来恢复到断裂前的序列。

然而，如果细胞内累积了大量的DNA损伤，此时DNA修复的速度就会大大下降，直至赶不上正在持续发生的DNA损伤的速度。这时，细胞有可能进入衰老的程序，也有可能发生细胞凋亡或者程序性细胞死亡，避免受损的基因导致细胞致癌而危害生物体的生存。然而，如果细胞没有进入衰老或者死亡的程序，受损的DNA有可能会随着细胞分裂形成肿瘤或癌变。

特还是 1.3 电子伏特，肯定没法指望它们会表现出什么明显的区别。[1]

5.14 回复突变

在有些情况下，一些跃迁可以双向发生。比如，某种特定的“野生”基因可以变为某个特定突变体，然后又可以从这个突变体变回到“野生”基因。有时，这两种变化的自然突变率几乎相同；有时这种突变率又大相径庭。这个问题乍一看让人迷惑不解，因为两种变化要克服的能垒似乎是相同的。但在实际情况下，能垒的高度不一定相同，因为它必须要从初始状态的能级算起。对于野生基因和突变基因来说，二者不见得拥有相同的初态能量（参见第4.8节的图12，其中的“1”表示野生型基因；“2”表示突变体，其纵向的线段长度较短，代表突变基因的稳定性较低）。总之，我认为德尔布吕克的“模型”已经很好地经受住了检验。因此，我们有理由在之后的探讨中继续使用这个模型。

---

1. 当需要跨越的能垒从 1 电子伏特变为 1.3 电子伏特时，自发突变率会发生明显的变化，然而 X 射线诱变的突变率却没有很大的变化。因此正如小标题所说，“X 射线的效率并不取决于自发突变率”。——译者注

第六章　秩序、混乱和熵

身体不能决定心灵，使它思想，心灵也不能决定身体，使它动或静，更不能决定它使它成为任何别的东西，如果有任何别的东西的话。

——斯宾诺莎，《伦理学》第三部分，命题二[1]

6.1　从模型得出的一个重要的普遍结论

在第5.7节中，我试图解释，根据基因的分子理论，我们可以想象，微小的遗传密码应当与高度复杂且独特的生命发育蓝图一一对应，并且其中也应当包含某种实现蓝图的方式。不过，我们应该如何把这种想象变为真正的理解呢？

1. 薛定谔所引原文为拉丁文，并在脚注中给出了英文翻译，我们在这里引用了贺麟译的斯宾诺莎《伦理学》。——译者注由于德尔布吕克的分子模型的一般性，它似乎并没有解释清楚遗传物质究竟是如何起作用的。事实上，我不指望物理学在近期就能为回答这个问题提供必要的信息。但我们已经看到，在生物化学领域，已经有了许多重要的发展，我相信在生理学和遗传学的指导下，它必将持续不断地取得更多的进展。

上文中对基因结构的这类一般性描述，显然无法揭示遗传学机制如何起作用的细节。但奇怪的是，我们恰恰能由此得出一个普遍结论，我承认，这个结论正是我写这本书的唯一动机。

从德尔布吕克有关遗传物质的一般图像可知，生命现象除了包含如今已经建立的“物理定律”外，很可能还包含我们至今尚未了解的“其他物理定律”[1]。不过，这些定律一旦被发现，就会和现今的定律一样，成为物理学这门学科的组成部分。

---

1. 科学家们从生命现象的研究中发现了许多新的物理定律，然而需要注意的是，这些物理定律本身并不是生命所独有的，而是具有普适性的。例如能量守恒定律最初是德国医生迈尔（Julius Robert von Mayer，1814—1878）在环球航行中从他对船员的观察中发现的，这一定律来源于生命科学，但本身却适用于所有的生命或者非生命体系。——译者注

6.2 基于秩序的秩序

这是一种不太容易讲清楚的思路，而且它在许多方面都很容易引起误解。本书剩下的篇幅就是要澄清这些误解。从下文的讨论中，我们可以得出一种粗糙的但并非全是谬误的初步看法。

我们已经在第一章阐明，我们现在所知道的物理学定律全是统计学定律[1]。这些定律同事物自然趋向无序状态是大有关系的。

但是，为了调和遗传物质的高度持久性和它的微小尺寸这两种性质之间的矛盾，我们不得不通过“虚构分子”来避免无序的倾向，事实上，一个巨大的分子必须是高度分化的秩序的杰作，其稳定性由量子理论的魔法来保护。机遇的法则并不会因这种“虚构”而失效，不过它们的结果却发生了改变。物理学家很熟悉这样的事实，即物理学的经典定律已经被量子论修改了，尤其是低温情况下。还有很多类似的例子。生命似乎就是其中的一个例子，而且是特别惊人的例子。生命作为物质的

1. 对“物理定律”作完全一般化的描述恐怕会引起争议，我们会在第七章讨论这一点。

有序和有规律的行为，它似乎不是以“从有序转向无序”的倾向为基础的，而是一定程度上基于那些生物体内现有的秩序。

对物理学家们（也仅限于他们），我希望可以更清楚地表明我的观点。在我看来，生物体似乎是一个宏观系统，它的一部分行为接近于纯粹力学的（与热力学作比较），当温度接近绝对零度，分子的无序状态消除的时候，所有的系统都将趋向于这种行为。

而对于物理学家以外的人，有件事或许会让他们感到难以相信，那就是被他们作为高度精确的典范的那些物理学定律，竟以物质走向无序状态的统计学趋势作为基础。在第一章里，我已举过一个例子。涉及的一般原理就是有名的热力学第二定律（熵增原理），以及它的同样有名的统计学基础。在本章的后面几节里，我想扼要地说明熵增原理对一个生命有机体宏观行为的意义——这时完全可以忘掉关于染色体、遗传等已经了解的东西。

6.3 生命物质避免衰退回平衡状态

生命的特征是什么？什么情况下，物质可以被称为是有生命的？当物质开始“做点什么”的时候，例如移动、与环境交换物质等，它才具有生命。[1]而且可以预见，和无生命的物质相比，它要在长得多的时间内保持这样的“运动”。如果将一个无生命的系统孤立起来，[2]或将其置于均匀的环境中，由于存在各种各样的阻力，系统中的所有运动都会很快趋于静止。电势差和化学势差被平衡，倾向于发生化合反应的物质于是形成化合物，温度由于热传导而趋于均一。之后，整个系统就变成无生命的了，衰退成一团惰性物质。这就抵达了一种永恒的状态，其中不会发生任何可观察到的活动。[3]物理学家把这种状态叫作热力学平衡态，或者叫“最大熵”状态。

实际情况中，非生命物质很快就能达到这种状态。但从理论上来说，这种状态往往还不是绝对的平衡态，或者说还不是真正的最大熵状态。可是，趋向最终平衡的过程非常缓慢，可能需要花几个小时、几年甚至几个世纪等时间。举个例子，在这个例子中，系统趋向平衡

1. 也有一种观点认为，仅仅只是移动、与环境交换物质等还算不上是真正的生命（现在的机器人已经很大程度上可以实现这些功能了），只有当它们具有了繁殖（自复制）能力，才能称为生命。——译者注
2. 即隔绝来自外界的物质、能量或者信息。——译者注
3. 这里的“观察”指的是宏观的观察和测量。当我们测量一个系统的宏观物理量时，我们无法察觉到系统的变化（例如系统的温度和压强保持不变），但这并不代表系统的微观状态不会发生任何变化（例如即使气体达到了热平衡状态，各种分子的碰撞仍在不断发生）。——译者注

热力学第二定律和“第二类永动机”

在热力学第一定律（能量守恒定律）被提出之后，人们已经清楚地认识到，能量无法凭空产生，因此人们所设想的、以机械的方式、在不获取能源的前提下使体系持续地向外界输出能量的“第一类永动机”是永远不可能实现的。不过又有人提出，是否可能设计出一种从海洋、大气乃至宇宙中“远远”不断吸取热能的“第二类永动机”，利用这些热能做功，为我们提供源源不断的能源？然而，热力学第二定律却告诉我们，第二类永动机是不可能实现的。

热力学第二定律反映的是热力学过程的不可逆性。即孤立系统总是自发地朝着热力学平衡方向演化，逐渐趋于最大熵状态。有多种不同的表达方式，其中最经典的两种表达为：

（1）不能将热量从低温物体传递到高温物体而不产生其他影响。这种表述最早是由德国物理学家克劳修斯（Rudolf Clausius，1822—1888）提出的。

（2）不可能从单一热源吸收能量，使之完全变为有用功而不产生其他影响。这种表述最早是由英国物理学家开尔文爵士提出的。根据开尔文描述可以证明，第二类永动机是不可能实现的。

上述两种热力学第二定律的表述是等价的。除此以外，我们也可以从“熵”的视角来理解热力学第二定律。热力学系统从一个平衡态到另一平衡态的过程中，其熵永不减少：若过程可逆，则熵不变；若不可逆，则熵增加。与之对应的统计解释为：孤立系统的自发过程总是从热力学概率小的宏观状态向热力学概率大的宏观状态转变。

的速度还算比较快：在两个杯子中分别装满清水和糖水，如果把两个杯子一起放在一个恒温密封的箱子中，起初似乎什么事情都没有发生，让人以为这就已经达到了完全的平衡态。但是大约一天之后，你会发现，纯水因为更高的蒸汽压而缓慢蒸发，并凝结到糖水之中。结果，糖水就溢到杯子外了。只有当纯水完全蒸发完之后，糖才能真正均匀地分布到所有的液态水中。[1]

这类极其缓慢地趋向平衡的过程，绝不会被人误认为是有生命的，我们在这里也可以完全忽略这种情况。之所以讨论到这类过程，只是为了避免有人指出我的疏漏。

6.4 生物体以“负熵”为生

生物体正是因为规避了很快衰退为惰性的“平衡态”，才因而显示出活力。在人类早期时期，人们就认

1. 通常如果系统中存在着“流”，那么它就处在非平衡状态，例如在薛定谔的这个例子中，纯水就逐渐“流向”糖水之中。有的系统虽然一直存在着流，但系统却可以保持在相对稳定的状态，例如一个水池中有水流入和流出，它的水量依然可以保持稳定——这种稳定状态并不是“平衡态”，而是“非平衡稳态”。生命可以处于非平衡稳态（通过新陈代谢、维持自身的稳态），但不能处在平衡态。——译者注

为存在某种特殊的非物理或超自然力量（“活力”“隐德莱希”等），是它们在操控着生命。即使现在，仍有人觉得如此。[1]

生物体是怎样避免这种衰退的呢？显而易见的回答就是吃、喝、呼吸以及（对于植物来说）同化，描述这些过程的术语叫作新陈代谢。[2]这个词（metabolic）源自希腊语（μεταβάλλειν），意思是改变或者交换。那交换什么呢？毫无疑问，这个词背后最早的含义就是交换物质。（例如，德语中，新陈代谢叫作 Stoffwechsel）[3]但是，

---

1. 隐德莱希（entelechy，拉丁语：*entelecheia*），来源于古希腊哲学家亚里士多德的著作，它既可以用来表示已达成的目的、已完成的运动，也可以表示某种本质性的推动力或者潜力。后来，这个词也被德国哲学家莱布尼茨（Gottfried Wilhelm Leibniz，1646—1716）等人沿用，用来指代一种推动人们实现自我的力量。在德国生物学家汉斯·德里施（Hans Adolf Eduard Driesch，1867—1941）的“生物活力论”中则认为生命不同于机械，而是可以发展出“隐德莱希”，推动生物实现某种目的。现在，这些与“活力论”有关的各种概念已被绝大多数生物学家认为对科学实践毫无价值而被抛弃。——译者注
2. “同化”和“异化”是新陈代谢的两种形式，其中的“同化”是指合成代谢，包括光合作用（植物）等合成有机物和储存能量的过程。“异化”是生物的分解代谢，即生物体将体内的大分子转化为小分子并释放出能量的过程。——译者注
3. 在德语中，“Stoff”是“物质”的意思，“Wechsel”是“交换、变化、改变”的意思。在汉语中，“新”和“陈”所代表的同样是各种物质；而“代谢”也同样是“交替更换”的意思，如唐代孟浩然的诗句“人事有代谢，往来成古今”。——译者注

如果把物质交换当作是生命活动的本质，那就显得有些荒谬了。氮原子、氧原子、硫原子等，任何原子都与其同类是完全一样的；交换它们又能对生命造成怎样的改变呢？接着，在过去的一段时间里，又有人提出说，生命是以能量为生的，有了这个解释，我们似乎觉得没有必要继续深究这个问题了。在某些发达国家（我记不清是美国还是德国，还是两个国家皆有之），你在餐馆的菜单上，除了能看到菜品的价格，还能看到菜品所含的能量。[1]毫无疑问，从字面含义来看，这同样是非常荒谬的。因为对成年生物体来说，不同食物中所包含的“能量”和所包含的“物质”一样，同样也没有区别。既然不管来自哪里的卡路里都一样，那当然就看不出单纯交换卡路里到底能对生命活动起到怎样的作用。

那么，食物中究竟包含了什么宝贵的东西，可以使我们免于死亡呢？答案很简单。总而言之，大自然中所发生一件事情、一个过程、一项活动，不管你怎么称呼这类事件，都意味着正在发生活动的那一部分区域的熵在增加。因此，生物个体的熵会不断增加，或者你也可以说，生命在不断产生正熵。这么一来，生物体势必

1. 通常在描述食物中所含的能量时，我们会将其说成是“热量”或者“卡路里”。——译者注

会不断趋向于最大熵的危险状态，这一状态意味着生命的死亡。生命必须不断从环境中摄取负熵，才能生存下去，远离最大熵——我们很快就会看到这件事情的重要意义。生物体依靠负熵为生。或者换一种不那么矛盾的说法，新陈代谢的本质是让生物体成功地释放掉生命活动中不可避免产生的熵。

6.5 熵是什么

什么是熵？首先让我强调，它不是一个模糊的概念或想法，而是一个可测量的物理量，就像杆的长度、物体某一点的温度、晶体的熔化热或任何特定物质的比热。[1]在绝对零度的温度下（大约-273℃），任何物质的熵都是零。[2]当你通过缓慢的、可逆的小步骤让物质进入任何其他状态时（即使由此物质改变了它的物理或化学性质，或分裂成两个或多个不同物理或化学性质的部

---

1. 最早是由美国物理学家吉布斯把“熵”本身当成一个独立变量，这比把“熵”理解为热量（Q）与温度（T）之商（Q/T）的同时代欧洲学者更加进步。“熔化热”是指单位质量物质由固态转化为液态时，物体需要吸收的热量。“比热”是指在温度升高时，物体所吸收的热量与其质量和升高的温度乘积之比。——译者注
2. 这种说法并不严格，更多讨论请参见第7.9节的内容。——译者注

自组织

自组织（self-organization）是指系统通过从外界获取信息和能量从无序变为有序的过程。例如，由RNA翻译的蛋白质链需要从无序的状态折叠到能量最低的有序态，而构成生物膜的磷脂分子必须要有序地沿着一定的方向排布才能发挥功能。在每一个高级生物体内都含有成千上万的细胞，不同的细胞、组织、器官等通过精密的自组织，构成了生物体。不只如此，通过自组织行为，复杂系统可以从比较简单的形式而发展或者演化出比较复杂的形态，例如，自然界的细菌群、鱼群、鸟群以及人类社会、社交网络等都是生物通过自组织产生出复杂的集体行为。

从表面上看起来，这些自组织现象与热力学第二定律（熵增原理）似乎是矛盾的，因为这些系统从原本无序的状态自发变化成为有序态——然而自组织并不违背热力学的基本规律。一个大系统可以通过降低局部（子系统）的熵而让整体处在更加无序的状态。举个直观的例子：如果我们希望一间教室里的同学们处在最无序的状态，可以将教室里的所有桌椅全部整齐地堆在一起，这样教室里就有了足够大的空间让学生在里面自由地奔跑——从桌椅的角度来看，它们变得更加有序了，但因为学生有了更大的活动空间，整个教室的无序程度反而增加了。从这个例子中我们可以看到，一个系统可以通过往外界环境中释放出“无序”（换言之，获取“有序”）而让自身“远离最大熵”，变得更加有序。这也是薛定谔所说的“生物体依靠负熵为生”背后的深刻含义。

分），熵会发生相应的增加，而这一增长量是通过将你在该过程中必须提供的每一小部分热量除以它所提供的绝对温度来计算的——最后，我们再把所有这些小贡献相加，就得到了熵的变化量。举个例子，当你熔化一个固体时，它的熵增加了，熵的增量等于热量除以熔点的温度。由此可见，熵的计量单位是焦耳/摄氏度，就像焦耳是热的单位，厘米是长度的单位一样。[1]

6.6 熵的统计意义

我们刚刚谈到了熵的技术定义，这些讨论只是为了揭开时常笼罩在这一概念头上的神秘面纱。对我们来说，更重要的，其实是熵这一概念背后关于“有序”和“无序”的统计学概念，玻尔兹曼和吉布斯所创立的统计物理学揭示了这种关系。它也是一个非常精确的定量关系，

---

1. 原文中薛定谔所说的熵的单位是“卡路里/摄氏度”，其中的“卡路里”是热量（能量）的单位。不过由于卡路里并非国际单位制中的单位，而且常常有人会错误地把“卡（卡路里）”和“大卡（千卡）”混淆在一起。在本书中，我们将所有的数据都统一为国际单位制，将能量单位改用“焦耳（J）”，1 焦耳等于施加 1 牛顿作用力经过 1 米距离所需的能量，即 $1\ J = 1\ m^2kgs^{-2}$，这一单位以英国物理学家焦耳（James Prescott Joule，1818—1889）的名字命名。——译者注

表达为：

$$熵 = k \log D$$

其中 k 叫作玻尔兹曼常数（$1.38064852 \times 10^{-23}$ J/K），而 D 是对有关物质的原子无序性的定量测量。用简单的非专业性术语对这个量 D 做出准确的解释几乎是不可能的。[1]它所表示的无序，一部分是源于热运动的无序，一部分是由不同种类的原子或分子随意混合所带来的无序，例如上面引用的例子中的糖和水分子。这个例子可以很好地说明玻尔兹曼的方程。糖逐渐“分散”到所有可用的水中，增加了无序度，也因此增加了熵（$\log D$ 随 D 变大而增加）。同样很清楚的是，任何热量的供应都会增加热运动的激烈程度，也就是说，增加 D，从而增加熵；一个特别清晰的例子就是，当你熔化一个晶体时，你是在破坏了原子或分子的整齐和相对稳定的排列，把晶格变成一个持续变化的随机分布。

1. 这一公式也被称为“玻尔兹曼公式”，它刻在玻尔兹曼的墓碑上。在这个公式里，D 表示的是系统的“微观状态数”，也反映着系统的“无序程度”或“不确定度”。举一个简单的例子，假如桌子上有 10 个盒子和 1 个小球，随机将小球放入盒子，那么小球位于任意一个盒子都是可能的状态，因此微观状态数 $D = 10$，微观状态数（盒子的数目）越多，我们就越不清楚小球究竟位于哪个盒子里，系统的不确定度（无序程度）也就越高。后文中薛定谔提到的“糖分散到水中”的例子，可以用“若干小球分散到许许多多的盒子中”来类比理解。——译者注一个孤立系统，或者是处在均匀环境中的系统（在目前的讨论中，我们将尽量把环境也纳入我们所考虑的系统中），它的熵将不断增加，并且会不同程度地快速趋向最大熵的惰性状态。我们于是可以把这条物理学基本定律理解为：事物有不断接近混乱状态的一种自然倾向（这类似于图书馆里的书籍或写字台上的论文和草稿一样，它们也会逐渐变得杂乱不堪），除非我们有意去消除混乱。（在这种情况下，“无规则的热运动”就好比是我们在不断地拿各种东西，但用完之后又怕麻烦，没有把它们放回原处。）

6.7　从环境中吸取“秩序”来维持组织

一个生物体拥有延缓趋向热力学平衡（死亡）的奇妙功能。我们如何用统计理论的语言来描述生物的这种了不起的能力呢？我们此前说过：“生物体依靠负熵为生。”换句话说，生物体源源不断地摄取负熵，以便抵消其生命活动造成的熵增，从而将自身维持在稳定的、熵值较低的状态。

由于 D 是对无序的度量，其倒数 $1/D$ 可以作为有序的直接度量。因为 $1/D$ 的对数正好是 D 的对数的相反数。[1]因此，玻尔兹曼的公式也可以写成这样：

$$-[熵]=k\log(1/D)$$

于是，“负熵”这个略显笨拙的描述就可以用一种更好的表达来代替：在前面加上了负号的熵，本身就是系统“有序程度”的一种度量。因此，生物体之所以能够维持自身稳定并保持相当高程度的有序度（换言之，维持相当低的熵），其策略就是从它所处的环境中持续不断地汲取有序。同最初的说法相比，这个结论现在看上去不再显得自相矛盾——甚至有人反而会觉得这种说法显得过于平庸。的确，我们很清楚，高等动物的食物由各种不同复杂程度的有机物组成，这些食物表现为极其有序的状态；高等动物从这些食物中摄取了某种有序性。在享用完这些食物之后，高等动物又排出那些已经大大降解的有机化合物，但这还不是最低级的形态，因为植物仍然可以利用它们。（当然，植物可以利用阳光作为其最有力的“负熵”供应。）[2]

---

1. 即 $\log(1/D)=-\log D$.——译者注
2. 动物所排出的粪便、食物残渣、废弃物等属于“有机肥”，其中仍然含有多种有机酸、氨基酸、肽类以及氮、磷、钾等营养元素。这些有机肥能够为植物的生长提供全面的营养，同时也可以增加和更新土壤中的有机质，促进微生物繁殖，改善土壤条件。——译者注

6.8 对第六章的补注[1]

我关于“负熵”的有关讨论，曾经遭到物理学同行的质疑和反对。首先，我想说的是，如果为了迎合他们的意见，我就会把讨论的主题改为“自由能”(free energy)。在相关问题的讨论背景下，自由能的确是更常用的概念，不过，“自由能”一词是一个专业术语，而且从语言学上来看，它与“能量”一词显得过于相似，这会让一般读者无法意识到这两个概念之间的区别。读者或许会以为，“自由”只是一个无关紧要的修饰词。事实上，自由能这个概念相当复杂，它与玻尔兹曼的有序—无序原则之间也存在着复杂的联系，这种联系比“熵”和“带负号的熵”之间的关系更难捉摸。况且，“带负号的熵”也并非我的发明，这种表述恰好是玻尔兹曼独创

1. 本节内容为薛定谔在 1945 年追加。——译者注

性论证中的关键。[1]

不过，F.西蒙曾经中肯地指出我的错误：我的这种简单的热力学考量还远无法解释为什么我们必须吃“由较为复杂的有机物组成的、极其有序的”食物，而不是吃木炭或者钻石呢。他说得很对。[2]不过，对于一般的读者，我在这里有必要解释一下，在物理学家的认识里，尚未燃烧的木炭或者钻石，连同燃烧它们所需的氧气，也是非常有序的状态。举个例子来说，如果你燃烧木

1. 的确如薛定谔所说，自由能是一个相对比较复杂的概念，它指的是在一个特定的热力学过程中，系统可对外输出的“有用能量”。不过我们也可以对自由能的概念有一个直观的理解，自由能所反映的是“能量”与“熵”的竞争，即能量与负熵之和。如果我们沿用薛定谔关于“写字台变得越来越混乱”的类比，其实有些常用的东西，我们更愿意它放在伸手就能拿到的位置上，虽然这样显得有些“无序”，但这样的话，我们日常使用时反而可以消耗更少的“能量”。对生命体而言，并不总是越有序就越好，如果生命像晶体一样有序，在执行具体的工作时，各种有序结构的形成或者破坏都需要耗费额外的能量，这对生命活动是不利的，因此这样的结构很可能无法在进化过程中被选择。生命倾向于选择自由能最低的状态。——译者注
2. 弗朗西斯·西蒙（Francis Simon，1893—1956）是著名的物理学家和物理化学家，他是出生于德国的犹太人，纳粹上台后移民到英国，在牛津大学工作。在英国期间，他设计了“气体扩散法”并证实了其用于分离同位素铀-235的可行性，对核武器的发明起到了关键的推动作用。西蒙对薛定谔批评的关键点在于：如果过于强调“生命以负熵为生”，那么最“负熵”（最有序）的事物莫过于各种晶体了，为什么生命吃的是各种复杂的有机物，而不是吃这些晶体（例如金刚石）呢？因此，仅仅强调“负熵”肯定是不够的。——译者注

炭，会产生大量的热。系统通过将热量释放到环境中，来释放反应所增加的大量的熵。最终，系统燃烧后又回到了与燃烧前大致等熵的状态。[1]

然而，我们人类并不能靠反应产生的二氧化碳为生。因此，西蒙对我的批评十分正确。食物中包含的能量成分的确至关重要。因此，我提到的那个关于餐厅菜单中列出事物所含能量的玩笑并不恰当。我们不仅需要能量为身体运动提供所需的机械能，还需要补充我们持续不断向环境中释放的热量。我们向环境中散发的热量并非出于偶然，而是必然。正是通过这种方式，我们才能向环境中排出生命活动中持续不断产生的多余的熵。

这一结果似乎表明，温血动物因为体温相对较高，拥有更快排出熵的优势，从而可以产生更剧烈的生命活动。不过，我不确定这个论断到底有多正确（我应该对

1. 尽管系统本身是熵在燃烧前后大致相等，但是环境中的熵大大增加了。——译者注

这句话负责，而不是西蒙）。[1]有的人可能会反对这一观点，因为从另一个角度看，许多温血动物都拥有毛皮或羽毛，它们的作用恰恰是防止热量过快流失。因此，尽管我相信体温和“生命的剧烈程度”两者之间存在关联，但这种关系更有可能直接来自范特霍夫定律的效果。我们在 第5.11 节中提到过，升高温度会加速生物体内的化学反应。（事实的确如此，这已经在一些体温会受到环境温度的影响的动物身上得到了实验验证。）[2]

1. “温血动物”也叫“恒温动物”，指的是那些能够自己调节自身体温的动物，例如鸟类和哺乳类动物。恒温动物可以通过身体的体温调节系统维持体温的恒定，并且还能在外界环境温度升高的状态下排出热量（例如人体出汗和狗伸舌头喘息等）。的确如薛定谔所说，恒温动物“可以产生更剧烈的生命活动”，通常温血动物的基础代谢率远高于冷血动物。但薛定谔只看到了“排出熵”的优势，没有意识到“恒温”本身对生命的重要意义——恒温生物之所以将其体温维持在特定的范围内，是因为在这个温度之下，体内的绝大部分的酶的活性都能达到最大，这可以大大加快生物体内的生物化学反应的进行。——译者注
2. 薛定谔的说法是不正确的，至少是不完整的。的确，根据范特霍夫定律，升高温度可以加速一些化学反应的速率，然而生物体内的绝大多数生化反应都需要酶的催化作用，而酶通常只在一定的温度范围内具有最高的催化效应，一旦生物的温度高于这个温度范围（例如在人体发烧时），生物体内的生化反应不仅不会加快，反而会减慢。——译者注

第七章　生命活动基于物理规律吗？

如果一个人从不自相矛盾，那是因为他从不说什么。

——乌纳穆诺[1]

7.1　在生命有机体中有望发现新规律

简而言之，我在最后一章只想说明，从我们所学到的关于生命物质结构的所有知识来看，我们必须准备接

1. 乌纳穆诺（Miguel de Unamuno，1864—1936），西班牙著名作家、哲学家和教育家，他是西班牙“98世代”（1898 年美西战争后由当时年青一代的作家组成的团体）的代表作家。乌纳穆诺的作品中充满了各种“矛盾”，他既批判国王或独裁者，也批判共和国；既主张肯定西班牙的一切，寻找西班牙的精神，又主张否定西班牙的一切，全面地“欧化”；既提倡理性的怀疑主义，又坚持对上帝的信仰。薛定谔在这里的这句引文正反映出了乌纳穆诺的这种矛盾性。——译者注

受这一事实：生命活动的工作方式不能被简单归结为普通的物理，这并不是因为有什么“新的力”或其他什么东西在指导生物体内单个原子的行为，而是因为这种结构与我们在物理实验室中实验的任何东西都不同。打一个粗略的比方。一个只熟悉热机的工程师，在研究了电动机的结构之后，肯定会意识到自己并不了解电动机的工作方式。[1]他发现他在水壶中熟悉的铜在这里以电线的形式绕成了长长的线圈；自己熟悉的铁是用来做杠杆、钢管和蒸汽气缸的，但在电机里，它被填充在铜线线圈里面。他可以肯定，这是同样的铜、同样的铁，服从同样的自然规律。这完全正确。但电动机和热机截然不同的结构也会使他相信，它们的工作方式完全不同。他并不会疑心驱动电动机的是什么鬼怪。因为虽然没有锅炉和蒸汽，但只需要打开开关，就能启动电动机旋转。

7.2 对生物学状况的综述

在有机体的生命周期中渐次发生的事件，表现出一

1. 热机是指各种利用内能做功的机械，如蒸汽机、内燃机、喷气发动机等。电动机（俗称“马达”）是一种将电能转化成机械能，驱动其他装置发生运动的电气设备。——译者注

种近乎神圣的规律性和有序性，这是我们在无生命物质中所遇到的任何东西都无法比拟的。我们发现生命现象是由一群极其有序的原子控制的，而这些原子只占每个细胞总量的很小一部分。此外，根据我们对突变机制的看法，我们得出的结论是，在生殖细胞的“支配性原子”组中，仅仅几个原子的位置发生变化，就足以使生物体的宏观遗传特征发生明确的变化。

这些事实无疑是科学在当下这个时代所揭示的最有趣的现象。最终，我们可能会倾向于认为它们并非完全不可接受。一个生命体将“秩序流”集中在自己身上，从而摆脱衰退为混乱的原子。这种从合适的环境中“汲取秩序”的惊人天赋似乎与“非周期性固体”（即染色体分子）的存在有关。这种分子无疑代表了我们已知的、有序程度最高的原子集合体——比普通的周期性晶体高得多——因为每个原子和基团都在这里各司其职。[1]

简而言之，我们见证了这样一种事实：现有的秩

1. 薛定谔的这种观点并不完全准确。生物分子的确比无序的高分子结构更加有序，但并不会比规则的晶体更加有序。在生物分子中，的确每个原子和每个基团都各司其职，然而在具体执行各种工作的时候，它们需要表现出一定的柔性，这种柔性通常就与“无序”的特征有关，正是这种无序性保证了各种生物分子在常温（体温）下依然可以发生一定的动力学。——译者注

序显示出了其维持自身有序并进一步产生有序事件的能力。这种说法听起来很有道理，尽管在发现它的合理性时，我们无疑借鉴了有关社会组织和其他涉及有机体活动的事件的经验。因此，似乎隐含着某种类似于循环论证的东西。

7.3 对物理学状况的总结

不管怎样，必须反复强调的一点是，对于物理学家来说，这种“循环论证”并不会导致似是而非的悖论，而是会导出让人无比激动的、史无前例的推论。[1]与一般的看法相反，受物理学定律支配的事件的有规律的进程，绝不是原子的一种高度有序的构型的结果——除非原子的构型本身多次重复自身，就像在周期性晶体中，或者就像是在由大量相同分子组成的液体或气体里那样。

当化学家在体外研究某种非常复杂的分子时，通常

---

1. “有序导致有序”暗示我们生命的有序性可以不断增加，甚至持续地扩展到更大的尺度，这些现象与生命的“自复制”和“自组织”特性有关。其中“自复制”是指生命可以通过生长、繁殖等不断增加和复制自身的这种有序性；“自组织”是指生命的有序行为可以在更大尺度上展现，例如鸟类可以自组织形成鸟群，人类可以自组织形成社会等。因此薛定谔说这会“导出让人无比激动的、史无前例的推论”。——译者注

总是面临着数量巨大的类似分子。化学定律适用于这些分子，因此，这位化学家可能会告诉你，在某个特定反应开始一分钟后，一半的分子将发生反应，而在第二分钟后，3/4的分子将发生反应。但是，假设你可以跟踪它的过程，任何特定的分子是否会在那些已经反应的分子中，或者在那些仍然未被触动的分子中，他无法预测。这是一个纯粹的概率问题。

这不是一个纯粹的理论猜想。当然，这也并非在说，我们无法观测一小团原子甚至单个原子的行为——某些情况下我们的确能进行这样的观测。可是，我们在观测时会发现，单个原子的行为总是完全无规律的，只有对观测结果求平均值，规律才会显示出来。我们已经在第一章中展示过一个例子。对悬浮在液体中的微粒来说，它们的布朗运动完全没有规则。但如果存在许许多多的粒子，它们将通过无规则运动产生出有规则的扩散现象。

我们可以观测单个放射性原子的衰变（它会发射出一条轨迹，并在荧光板上留下一道闪光），但如果要预测这个原子的寿命，那可不是一个简单的问题，放射性原子的寿命反而不如一只健康麻雀的寿命来得确定。关于单个放射性原子，我们只能说：只要这个原子还存在

（不管其是否已经存在了几千年），它在下一秒内发生衰变的概率始终保持不变，无论这个概率本身是大是小。很显然，每个原子的衰变行为都缺乏确定性。然而如果有大量同类的放射性原子，它们在一起就可以产生精确的指数衰变规律。

7.4 令人震惊的对比

在生物学中我们面对着完全不同的情况，只需要一小团分子，并且只需要一份副本，就可以产生有序的活动。它们还可以根据最精妙的规律相互交流，并且与环境交流。这真是个奇迹。我说只需要一份副本，是因为卵子和单细胞生物就是例子。而对更高级的生物来说，毫无疑问，这份副本在之后的生命过程中则被复制。但是，复制了多少呢？据我所知，在成年哺乳动物中，大约是10^{14}份。这才是多少呢！这不过是1立方英尺空气中的分子数目的百万分之一。这些副本的数目虽然非常多，但把它们聚集起来的话，也就只够形成一小滴液体。再来看看它们实际的分散方式。每一个细胞里只有一份（或者两份，如果考虑二倍体的话）。我们很清楚这样一个微小的“中央机关”对单个细胞所扮演的角色，而对于整个有机体而言，它们难道不就像是分散在躯体内的“地方政府”吗？这些“地方政府”使用同一套法典[1]，彼此之间的沟通交流也非常方便。

好吧，这是一个理想化的描述，比起科学家，这或许更像是诗人说的话。然而即使抛弃诗人般的想象，凭借清晰冷静的科学思考，我们就可以意识到这些活动的规律被一种与物理学中的“概率机制”完全不同的“机制”所控制。这是因为我们观察到了这样一个简单的事实：每个细胞的指导原则都只存在于一个（有时也可能包含两个）副本的原子集合体中，由此产生出了一系列高度有序的事件。不管我们对此是感到难以置信，还是觉得这种机制极为合理，仅仅一小团高度组织化的原子就能产生这样的行为，这毫无疑问是前所未有的情况，除了在生物体内，我们从未在任何其他地方观察到这种现象。研究无生命物质的物理学家和化学家们，从来没

---

1. “法典”一词的英文为“code”，常见的如《汉谟拉比法典》(*Code of Hammurabi*)、《拿破仑法典》(*Napoleonic Code*)等。我们现在常用“去中心化”来描述薛定谔在这里提到的“地方政府”的这个比喻。所谓“去中心化”是指在一个由诸多个体所构成的一个复杂系统中，不存在一个起着领导作用的“中心”，而是每个个体都可连接并影响其他个体，这种结构或者现象即被称为“去中心化”。我们今天已经不难理解这种“去中心化”的现象了，我们的互联网、物联网、区块链、社交网络等都具有去中心化的特征。——译者注

见过有什么现象必须按这种方式来解释。[1]正因为以前没有遇到过这种情况，所以我们现有的统计物理理论中没有包括它——我们引以为傲的统计物理让我们看到了这些生命现象背后的东西，它不仅让我们注意到，从原子和分子的无序中可以导出严格有序且精确的物理学定律，也向我们揭示了这样一个重要事实，即最重要的、最普遍的、无所不包的熵增定律是无须特殊的假设就可以理解的，因为熵并非别的什么东西，它只不过是分子本身的无序而已。

7.5 产生有序的两种方式

在生命活动的过程中遇到的有序性有着不同的来源。看起来似乎有两种不同的“机制”可以产生有序的事件：“统计机制”导致“从无序中产生有序”，而新的机制则导致“从有序中产生有序”。对于没有偏见的人来说，第二个原则似乎要简单得多，也更有说服力。毫

1. 现在我们已经发现，有大量的非生命物质也可以出现“自组织”的现象，例如各种化学振荡反应（最早于20世纪50年代发现）。根据“耗散结构”理论，一个开放系统在非平衡态情况下，一旦满足一定的条件，系统就可以发生“从无序到有序”的自组织现象。——译者注

涌现

薛定谔敏锐地注意到了生命现象与传统的统计物理现象之间的差别。在薛定谔看来，生命的遗传物质只有一个副本，并且在这些遗传物质的指导之下，细胞和生命可以组织起来，产生出了一系列高度有序的事件，这种现象在其他非生命的系统中的确较少能见到，然而，这种现象在各种“复杂系统”中却非常常见。

在各种复杂系统中常常会发生“涌现”现象。例如，一只蚂蚁的运动可能毫无规律，可是随着蚂蚁数目的增加，一群蚂蚁聚集在一起，这样一个群体就可以表现出极高的智慧：它们不但相互交流、传递信息，还可以找到距离食物的最短路径，甚至在灾难到来的时候还可以实现集体的迁移。尽管每只蚂蚁的能力非常有限，但当许许多多的蚂蚁聚集在一起时，作为一个群体，它们似乎突然“涌现”出了智能或者说某种“解决问题的能力”。

1972 年，诺贝尔物理学奖得主、美国著名凝聚态物理学家菲利普·安德森（Philip Warren Anderson，1923—2020）用一篇题为《多者异也》（*More is Different*）的论文讨论了“涌现”和复杂系统研究的理论基础，在安德森看来，复杂系统之所以复杂，不仅是因为复杂系统由许多基本单元所构成，更关键的一点在于“多了就是不一样”，即系统中“涌现”出了全新的性质。然而需要注意的是，这些新性质只会表现在群体层面，不会表现在个体层面，因此在面对复杂系统的时候，我们不能简单地将个体的行为推广到集体，也不能把集体行为的特征放到个体身上去。比如，“堵车”是一种车辆的集体行为，我们就没有办法把这种性质放到任何一辆车身上去，比如我们只能说“这条路容易堵车”，而不能说“这辆车容易堵车”。

要理解一个复杂系统的行为，我们不需要为每个个体的行为设置非常复杂的规则，而是只需要从集体行为中抽象出个体层面的很少几条规则，然后增加个体数量、扩大规模，随着个体之间的多次互动，最后，系统在宏观层面的各种复杂现象就自然而然地涌现出来了。例如，要描述鸟群复杂的集体行为，只需要3条简单的规则：（1）每只鸟都会占据一定的体积；（2）每只鸟都会尽量与它附近的其他个体保持速度的同步；（3）每只鸟都倾向于靠近附近其他的鸟。有了这3条规则，鸟群不需要“领导”或者“中心”，也不需要什么神秘的“心灵感应”或者“超距作用”，就可以实现复杂的变形。换句话说，在一个复杂系统中，个体只需要执行简单的规则，就完全可以描述出复杂的集体行为。从这个角度来看，生命的自组织行为并非不能理解，不过只是一种“涌现”。

无疑问，的确如此。这就是为什么物理学家如此自豪地接受了第一个原则，即“从无序中产生有序”，自然界的确遵循这一原理，而且只有它能传达对自然事件的演化发展的宏观理解。[1]首先是其不可逆性。但我们不能指望从它得出的“物理学定律”足以直接解释生命体的行为，在很大程度上，生命体最显著的特征就是它基于“从无序到有序”的原则。你不会期望两种完全不同的机制带来相同类型的规律——你不会期望你的门锁钥匙也能打开你邻居的门。

因此，我们不必因为用普通的物理学定律来解释生命的困难而感到失落，因为这正是我们对生命物质的结构所获得的知识所期望的。[2]我们必须准备好发现一种新

---

1. 这也是奥卡姆剃刀（Occam's Razor）原理的应用。该原理是以英格兰逻辑学家和宗教家奥卡姆（William of Occam，约1285—1349）的名字命名的。奥卡姆剃刀原理告诉我们，如果有许多种理论都能解释某种现象，那么我们应该挑选其中使用假定最少的。“从无序中产生有序”不需要我们对于这个世界中存在的许多规律做出预先的假设，最符合奥卡姆剃刀原理，因此受到了物理学家们的接受。——译者注
2. 在科学史上，曾经长期流行着所谓“活力论”及其变形，这种观点认为，生命（有机体）和非生命（无机体）的区别就在于生物体内有一种特殊的生命“活力”，这种“活力”是生命和非生命的界限，非生命的物体遵循基本的物理化学定律，而生命有机体则遵循其特有的规律，二者之间泾渭分明。然而，这种观点在 1828 年维勒（Friedrich Wöhler，1800—1882）由氰酸铵（无机物）合成尿素（有机物）后被推翻。——译者注

的物理定律在其中占主导地位。不然的话，难道我们指望发现某种“非物理定律”或者“超物理定律”吗？

7.6 新原理并不违背物理学

不，我不这么认为。因为所涉及的新原理是真正的物理原理：在我看来，它无非还是量子论的基本原理。为了解释这一点，我们必须花一些篇幅，包括对以前提出的论点——所有的物理规律都是基于统计的——做一些补充，当然，你也可以认为这是在对这一观点进行修正。

这个我们一再提到的论点不可能不引起矛盾。因为的确存在一些现象，其明显的特征是直接基于“有序产生有序”的原则，似乎与统计或分子间的无序无关。

太阳系的秩序，行星的运动，几乎保持了无限的时间。此时此刻的星座是同金字塔时代的任何一个具体时刻的星座一脉相承的；从现在的星座可以追溯到那时的星座，反之亦然。历史上的日食已经被计算出来，并且被发现与历史记录非常吻合，甚至在某些情况下还起到了校正公认的历史年表的作用。这些计算并不意味着任何统计数字，它们完全是基于牛顿的万有引力定律。

一个好的时钟或任何类似机制的有规律运动似乎也与统计学无关。简而言之，所有纯粹的机械事件似乎都明确而直接地遵循“从秩序到秩序”的原则。我们所说的“机械”一词必须从广义上来理解。[1]如我们所了解，一种非常有用的时钟是基于从发电站定期传输的电脉冲来工作的。

我想起来，马克斯·普朗克写过一篇很有意思的小文章，标题为《动力学型和统计学型的定律》(*Dynamische und Statistische Gesetzmässigkeit*)。文中加以区分的两种定律类型，正对应着我们所说的“从有序中产生有序”和“从无序中产生有序”。奇妙的“统计学”型定律掌控了宏观物体的运动。行星和钟表的宏观机械运动，就体现了这种定律。而“动力学”型定律则掌控微观活动，例如原子和分子之间的相互作用。那么，统计学型定律是如何由动力学型定律构成的呢？这正是普朗克那篇文章的主题。

1. 在英语中，“机械”(mechanics)一词包含“力学”的含义，因此“机械运动”一词隐含了“受力学原理支配的运动”的含义。这里薛定谔要读者从广义上来理解“机械”一词，是指这里所讨论的机械并不限于“力学机械”，也可以是“基于电磁学的机械”。在阅读后文关于钟表的运动时，读者也应当注意“机械”一词关于“力学”的这层含义。——译者注这样看来，被我们严肃地当作了解生命的真正线索的“新原理”，即“有序来自有序”的原理，从物理学的角度看，这个“新”原理并没有那么新。普朗克的态度甚至就像是在表明，是他首先论证了这个新的原理。于是，我们得出一个看起来有些荒谬的结论。理解生命现象的线索，在普朗克的论文中被表达为一种“钟表式”的纯粹机械运动。在我看来，这个结论并不荒谬，部分来看也是正确的。不过，我们仍需要对这个结论有所保留。

7.7 钟表的运动

让我们来精准地分析一下真实情况下的钟表运动。它并非纯粹的机械运动。因为，一台纯粹的机械钟表不需要上发条，甚至不必有发条。因为只要它开始运动，它就会一直走下去。但实际上，如果没有上发条，在摆锤来回振荡几次之后，钟表就会停下来。摆锤的机械能变成了热。这其中涉及非常复杂的原子过程。物理学家们不得不承认，从钟表的基本物理学图像上看，与上述过程完全相反的事件也并非完全不可能发生：一台钟即使没有发条，也有可能通过消耗齿轮和环境中的热能，突然运动起来。物理学家一定会说：钟表突然爆发了一次异常强烈的布朗运动。我们已经在第1.9节中看到，对一台非常敏锐的扭秤（静电计或者电流计）来说，这种事情每时每刻都在发生。当然，这种事情发生在钟表上的概率会无限小。

钟表的运动究竟属于动力学型定律，还是属于统计学型定律呢（我们沿用普朗克的语言）？这取决于我们分析的角度。如果将它视为动力学型，我们主要关心的就是钟表规则运动。即使是上得很松的发条也足以让钟表克服热运动产生的微小扰动，因此热运动可以被忽略。但如果我们还记得，钟表不上发条就会因为摩擦而逐渐慢下来，这个过程就只能从统计学现象的角度来理解了。

无论钟表运行中实际产生的摩擦和热效应有多么微弱，毫无疑问，不忽略摩擦和热效应的第二种观点也更为本质。即使我们考虑由发条驱动的钟表，也不会有人相信，发条的动力会消除这个过程中的统计学本质。哪怕是有规律地走动的钟表，也有可能通过消耗环境中的热，在一瞬间回放它的运动，倒过来走，自己给自己上发条。真实的物理图景是包括这种可能的。只不过，和没有驱动机制的钟表受到“布朗运动大爆发”相比，这种情况“更不太可能”发生。

7.8 钟表的运动终究是统计学规律

现在让我们再来总结一下。我们此前分析的“简单”情形，是许多其他类似现象的代表。事实上，分子的统计学原理可以说是包罗万象，任何看上去与之不相关的事情也都和钟表类似。和理想情形不同，任何由真实的物质（而非想象中的理想物质）制成的钟表，都不能说是真正的理想的“钟表装置”。[1]虽然我们可以或多或少地减小偶然因素的影响，钟表突然完全故障的概率或许微不足道，但故障的可能性始终存在。即使在天体运动中，也可能存在不可逆的摩擦和热涨落现象。例如，地球的自转受到潮汐摩擦[2]的影响，正在逐渐变慢；而月球

1. 薛定谔在这里想说的是，真实的各种物质机械强度可能有限（不存在理想的刚体），并且存在着摩擦等因素，因此，尽管可以将机械表的精度提高到难以置信的程度，但归根结底，这些钟表并不是绝对精确的。——译者注
2. 月球和太阳对地球海洋表面的“引潮力”的作用是引起海水涨落的原因。潮汐的变化涉及许多因素的影响。如果简化这一问题，不难想象，地球受到月球的万有引力作用，其中沿着地球和月亮连线方向的海水会向外凸出，而与之垂直方向的海水则会向内压缩。这种变形对于固体（可近似为刚体）来说可能并不明显，但由于地球表面覆盖有海水，呈现出明显的流体特征，因此地球的潮汐现象较为明显。潮汐效应会使天体之间的相对运动速度减小，对彼此的自转产生出类似于“摩擦力”的效果，这就是薛定谔所说的“潮汐摩擦”。——译者注

也会随着逐渐远离地球。如果转动的地球是个完全刚性的球体，就不会发生这种情况。

不过，"物理上的钟表" 仍然主要显示出 "从秩序中产生秩序" 的特征——让人感到兴奋的是，物理学家们在研究生物体时也遇到了类似的特征。似乎这两种情况归根到底有某种共同点。可是，这种共同点究竟是什么？到底又是因为什么明显的差异，让生物体最终表现出前所未见的全新特征？这些问题仍然有待未来解决。

7.9 能斯特定理

一个物理系统——任何一种原子集合体——它什么时候会展现出（如普朗克所说的）"动力学型定律"，或者说是展现出 "钟表的特征" 呢？量子论给出的回答很简单，那就是：在绝对零度下。因为在趋近于绝对零度时，分子的无序就不再对各种物理事件发挥任何影响。[1]值得

1. 在绝对零度时，所有的原子和分子都会停止热运动。对于完整晶体，在绝对零度时，它的熵的确等于零，此时，系统内不存在任何的无序。但如果材料并非完整晶体，而是非晶体等其他情况，那么在绝对零度时，系统内仍然可能存在着一定的无序（熵），这种熵被称为 "残余熵"（residual entropy）。尽管这种残余熵存在，但这种无序也不会对其他物理事件产生影响。——译者注

一提的是，这个结论并不是通过理论推导得出的，而是在仔细研究了不同温度下的化学反应之后，将结果外推到绝对零度，才得出这一结论的。之所以这样，是因为事实上，绝对零度是无法达到的。这就是瓦尔特·能斯特著名的“热定理”。这个定理也常常被人们冠以“热力学第三定律”之名，这也是当之无愧的（热力学第一定律是能量守恒定律，第二定律是熵增定律）。

量子论为能斯特的经验定律提供了合理的基础。而且，它允许我们估算，一个系统要多么接近绝对零度，才能近似展现出“动力学型”行为。对每个特定过程来说，何种温度实际上就已经等效于绝对零度了呢？

可是，千万别以为这一定需要极低的温度。其实，即使在室温下，熵在很多化学反应中所起的作用，也是微不足道的。[1]能斯特的发现正是来源于这一事实。（请允许我再提醒一次，熵是对分子无序程度的一种度量，即无序程度的对数。）

---

1. 化学反应的发生取决于能量、熵以及化学势等多种因素。这些因素的组合即构成了化学反应过程中的“自由能”或“吉布斯自由能”。在许多由能量主导的反应中（例如酸碱中和反应），熵的作用的确很小。——译者注

热力学第三定律

热力学第三定律是由德国化学家瓦尔特·能斯特（Walther Hermann Nernst，1864—1941）在研究化学平衡的自发性时归纳得出的，因此又常被称为“能斯特定理”或“能斯特假定”。能斯特也因为其在物理化学等领域的重要贡献荣获1920年度的诺贝尔化学奖。

热力学第三定律有以下两种等价的表达：

（1）凝聚态系统的熵在等温过程中的改变，随着绝对零度的趋近而趋于零。这种表述即为能斯特定理。根据这种表述，热力学系统的熵在温度趋近于绝对零度时将趋于定值，而对于完美的晶体而言，这个定值还等于零。有趣的是，在能斯特最初提出这一理论时，他试图回避“熵”这一概念，因为他认为其定义还不够明确。

（2）不可能通过有限的步骤的操作使物体冷却到绝对零度。这种表述为温度设定了一个下限，同时这种表述也告诉我们，要想完全除去一个物体中的熵是不可能的。

7.10　摆钟可以看成在绝对零度下工作

那摆钟又是如何的呢？对一台摆钟而言，室温实际上就相当于绝对零度。这也是它的行为表现出“动力学型”的原因。如果你继续降温（前提是你得擦干净所有的润滑油！），摆钟也还是可以继续工作 。[1]但如果你不断加热它，它最终会停止工作——整个摆钟都熔化了。

7.11　钟表与生命体的关系

这个问题看似无关紧要，不过我认为，这恰恰是问题的重点。钟表之所以有能力以“动力学型”的方式工作，是因为它们是由固体所制造的。而维持固体形状的相互作用正是海特勒-伦敦力。这种力的强度很大，足以对抗常温热运动所带来的无序化倾向。

现在，我觉得有必要多说几句，来揭示钟表运动和生命体之间的相似性。很简单，这种相似性就是，维系生命体的同样也是固体。遗传物质由非周期性晶体构

1. 在常温下，润滑油可以减小摩擦，因此对摆钟的运行是有帮助的，然而在低温下，润滑油有可能结冻，从而阻碍摆钟的运转。——译者注

分子马达

分子马达（Molecular motor）是细胞内的一类特殊的蛋白质，负责细胞内的物质或者整个细胞的宏观运动。生物体内的许多重要活动，例如肌肉收缩、物质运输、DNA复制、细胞分裂等，都有分子马达的参与。现已发现的分子马达有上百种，依据分子马达的运动方式不同，可将其分为线性分子马达和旋转式分子马达。虽然它们在结构上有所不同，但它们都可以通过消耗三磷酸腺苷（ATP）水解时所释放的化学能，将其转化为机械能，让分子马达沿着特定的方向发生定向运动。

分子马达的运动为何如此有序？它怎么知道要朝着哪个方向运动？为了回答这个问题，物理学家们提出了“布朗马达模型”。一方面，分子马达的运动的确会明显受到热涨落的影响，从而表现出类似布朗运动的随机性，然而，它与平衡状态下的布朗运动又有非常明显的区别。在细胞中，分子马达是典型的非平衡系统，因为其运动需要不断消耗能量。而之所以分子马达有着特定的运动方向，这是因为通常分子马达会以微丝或微管为轨道发生运动（这里仅以线性分子马达的运动为例说明），而构成这些轨道的蛋白质在排列上呈现出非对称的周期性结构。因此，马达与轨道之间存在着某种非对称的周期相互作用，受到这种非对称性的影响，分子马达“朝前”和“朝后”运动的概率是不同的，因而在统计上产生了定向运动的效果。受到费曼（Richard Phillips Feynman，1918—1988）等科学家的影响，物理学家们常常把分子马达比喻为“生命的棘轮”，所谓“棘轮”（ratchet）是一种可以防止传动机构逆转的一种机械结构，它可以让线性往复运动或旋转运动保持为单一的运动方向。由于分子马达（以及与之相关的微丝或微管蛋白）的序列也被编码在遗传物质当中，因此薛定谔所描述的“生命机器的齿轮”也包含了分子马达的运动，这种定向运动正是薛定谔所说的生命“抵抗热运动的无序性”的集中体现。

成，这很大程度上可以抵抗热运动的无序性。我想把染色体纤维比作“生命机器的齿轮”——如果你明白这个比喻背后深刻的物理理论，就不会觉得我的这个比喻有什么不妥。

其实，我们无须那么多修辞，就能解释清楚钟表和生命之间的根本区别，并证明这种相似性在生物学的例子中是独树一帜和前所未有的。

最令人惊叹的区别有两个：第一，生命的齿轮神奇地存在于多细胞生物中，关于这一点，可以参考第7.4节中的一些诗意的描述。[1]第二，它们不是粗糙的人造物品，而是沿着造物主的量子力学路线所完成的最精巧的杰作。[2]

---

1. 即前文提到的“去中心化”的特性。——译者注
2. 薛定谔在这里所说的“造物主”（Lord）仅仅是一种修辞，而并非宗教意义上人格化的“上帝”。——译者注

后记：决定论和自由意志

好了，我已经不带偏见地讨论了关于生命问题的纯科学部分。[1]这不是一件轻松的事情，作为某种补偿，我希望可以给自己留一点空间，就生命问题的哲学意义谈谈我的一些主观看法。

从前文所提出的论据中我们可以看到，在一个生物体内，在时间和空间中发生的各种事件，无论是那些跟生物的精神活动相对应的事件，还是那些跟自我意识或者其他活动相对应的事件（并且考虑到它们复杂的结构，以及公认的对物理—化学现象的统计解释），它们即使不是严格决定论的，也至少在统计意义上是决定论的。

---

1. 薛定谔在这里“不带偏见”用的是拉丁语“*sine ira et studio*”，这句话出自古罗马历史学家塔西佗（Gaius Cornelius Tacitus，约55—117）的著作《编年史》开篇，常常被用来提醒历史学家和记者等在记录历史时不要被情绪冲昏了头脑，加入太多自己的主观偏见。——译者注

我想对各位物理学家特别强调的是，与某些人的观点恰恰相反，我认为**量子非决定论**与生命活动完全没有关系，除了在诸如减数分裂、自然突变和X射线诱导突变等生命活动中，量子行为也许增强了这些活动的纯粹随机性——这在任何情况下都是很明显的，也是被普遍接受的。[1]

为了论证的方便，请允许我将上述这种决定论性质看成是一种事实，我相信每个没有偏见的生物学家都会这样做。不过，在“宣称自己为纯粹的机械”时，或许大家都会感到不自在，因为这跟我们在自省时表现出的自由意志相矛盾。

不过各种各样纷繁复杂的直觉经验在逻辑上都不应该互相矛盾。因此，我们可以尝试从下面两个假设中得出正确且不矛盾的结论。

---

1. 量子非决定论（indeterminacy）跟量子不确定性（uncertainty）的含义大致相同，不过一个侧重于哲学层面的诠释（与“决定论”形成对比），另一个则更直观和口语化。薛定谔所说的“量子非决定论与生命活动完全没有关系”的思想是非常进步的。在现代生活中，常常有人（甚至一些著名的科学家）把各种无法解释清楚的物理现象或者自己遇到的不确定因素都归于量子力学，把量子力学当成一种神秘主义，这是非常错误的观点。另一方面，的确有许多生命活动与量子力学相关，例如薛定谔在这里提到的、辐射导致的突变等现象（辐射导致自由基形成，进而导致突变），再比如光合作用、眼睛对光子的接收以及其他量子生物学现象，但生物大尺度上的各种生命活动（例如大脑的思维等）的确是与量子不确定性无关的。——译者注

（1）我的身体就像一台纯粹的机器一样，服从自然界的规律发生运动。

（2）然而，根据我自身毋庸置疑的直接经验，的确是我自己在控制这些活动。我也能够预见到这些活动会产生重大的甚至决定性的结果。在这种情况下，我相信我能够为自己的行为负起全部责任。

我认为，从这两个事实中，只能推断出一个可能性，那就是："我"就是这个能够服从自然界的规律，控制"原子的运动"的人。这里的"我"并不限于自身，而是对"自我"概念的最大推广。换句话说，任何一个有意识的心灵，只要说出了"我"，或能够感受到"我"的存在，就都是这样的"我"本身。

尽管有的概念可能在历史上或者在现在仍然对于许多不同的人群拥有其他更广义的内涵，但是，由于这些概念可能在某个特定的文化环境内表示某些非常特殊的含义，在这种情况下，用简短的语言做出结论会显得过于大胆。[1]在基督徒的语境中，"因此我是全能的上帝"这句话听起来狂妄自大，简直是在亵渎神明。不过现

1. 这里薛定谔还用德语 Kulturkreis 解释了"文化环境"一词，德语直译作"文化圈"：Kultur（文化）-kreis（圈）。——译者注

在，请暂时忽略这层含义、思考这样一个问题：假如一个生物学家要想证明上帝的存在和灵魂的不朽，那么上述推断是否就是最接近于实现这一目标的结论？

事实上，上述观点本身并不算是新鲜的结论。据我所知，这种思想可以最早追溯到2500年前，甚至更古老的时代。印度思想家很早就在伟大的奥义书（Upanishads）中提出了“梵我同一”的观点，即一个人自己就等于全知全能的永恒本身。这种观点完全没有亵渎神明的意味，而是反映了古印度人对世间万物最深入思考的哲学精华。所有的吠檀多派学者都在学会了这句话之后，努力地把这种最伟大的思想融入他们自己的意识之中。[1]

---

1. 奥义书是古印度一类哲学文献的总称。各种不同的奥义书其成书年代不同，最早的奥义书大约产生于公元前800—前500年，也有一部分产生于公元后。奥义书记载着印度教各代导师和圣人的观点。“梵我同一”的观点也被称为“吠檀多不二论”，即“Athman = Brahman”。这里，“Athman”一词代表的是“内在的自我、精神或灵魂”，是每个人个体的本质，而“Brahman”一词通常译作“梵”，它代表一种永恒不变、至高无上的宇宙精神和终极真理。印度教的不同学派对于“自我精神”和“宇宙精神”之间的关系有不同的阐述，而在印度教各宗派中影响最大的吠檀多学派看来，自我精神跟宇宙精神是统一的，这也是薛定谔在本书中所引用的观点。吠檀多（Vedanta）一词由 Veda（即“吠陀”，它代表着“知识”）和 anta(其含义为“终极”）两部分组成，合在一起的含义为“吠陀的终极”或者“终极的知识”。另外，需要注意的是，这里的梵不同于印度教种姓制度中的祭司阶级“婆罗门”（Brahmin），但两词的确同源。——译者注

而且，几个世纪以来的神秘主义者们各自独立地描述了他人生中的独特体验，这些描述尽管各有不同，但是却能彼此完美地和谐共存（就像理想气体粒子一样）。它们可以概括为一句话：我已经成为上帝（DEUS FACTUS SUM）。[1]

在西方意识形态中，尽管有叔本华等少数人支持这种思想，但这种思想一直都被当作异类。[2]此外，当真心相爱的两人深情地望着对方时，他们会意识到，他们的思想和喜悦绝不只是简单的相同或者相似，而且真正达到了合二为一。不过通常那些坠入爱河的人并不会意识到这一点，他们忙于情感的冲动，以至于无法清晰地分析这种情感体验，从这一点来看，他们和神秘主义者们是相似的。

请允许我对此再做一些讨论。意识的体验从来没有复数，它永远是单数。即使在像精神分裂症或双重人格

1. 之所以薛定谔在这里说“就像理想气体粒子一样”，是因为根据这些神秘主义者的体验，每个个体都独立地“成为上帝”，而不会发生相互之间的干扰。——译者注

2. 叔本华（Arthur Schopenhauer，1788—1860），德国哲学家，唯意志论主义的开创者。叔本华认为，意志是独立于时间和空间的，它同时包括所有的理性与知识。正因为如此，薛定谔才说“有叔本华等少数人支持这种思想”。——译者注

这样的情况下，两个人格交替出现，它们也从不会同时出现。[1]我们在梦中的确会同时扮演多个角色，但这些角色并不是无法区分的。我们自己在梦境中只是诸多角色之一，我们以这个角色的身份直接说话和行动。在梦中，我们常常急切地想得到别人的回应，而我们没有意识到，正是我们自己在控制着这些角色的言行，就像我们在梦中控制自己一样。

意识的多元性概念——奥义书的作者们强烈反对这种观点——究竟是如何产生的呢？我们知道，意识总是与一定的身体物理状态相联系，并且依赖于这种身体状态，它是一个有限范围内的概念。（想想人的意识如何随着身体的发育在青春期、衰老和死亡等不同阶段发生变化的，又或者，也想想发烧、中毒、麻醉、脑损伤等是怎样影响人的意识的。）既然有这么多类似的身体可以存在，意识或心灵的多元性似乎是一个极有可能成立的假设。也许所有单纯朴实的人都接受了这一点，这其中当然包括大多数伟大的西方哲学家。

这个假设几乎可以立即导出灵魂存在的说法，因为有多少个躯体就有多少个灵魂。不过随之而来的问题就

1. 在18—19世纪的欧洲，“梦游”“双重意识”“人格分裂”等现象常常被混为一谈，薛定谔在这里的讨论就反映出这种传统。——译者注

是，灵魂是否会像身体一样死去，或者它是否能够独立存在并成为不朽？人们不喜欢前一种可能性。但后一种可能性则直接否认或者忽视了意识多元性的证据。还有更愚蠢的问题：动物也有灵魂吗？甚至会有人问，是否只有男人有灵魂而女人没有灵魂？

思考这些问题，即使只是试探性地思考，其后果也必然会使我们对西方宗教教义关于意识的多元性假设产生怀疑。如果我们忽略这些宗教教义中明显的迷信部分，保持“有许许多多的灵魂”的简单想法，那么我们同时就必须宣称灵魂一定是要死亡的，或者用灵魂随着肉体一起湮灭的想法来“修补”多元性假设，这样一来，岂不是更加荒谬了吗？

唯一可能的选择是，保留我们最直接的体验，即坚持认为意识是单数，而作为复数的意识是未知的。换句话说，实际上只**存在**一个意识，但它却表现为多元性的，这其实是意识利用幻觉产生的一系列不同侧面（印度人将其称为“摩耶”[1]）。这就好比是在一系列的镜子中

1. 摩耶，源自梵文，通常拼写为 Maja 或者 Maya，它的含义包括“幻影、幻象、幻术”等，是印度宗教和哲学的重要概念。在印度教哲学中，前文中提到的“梵”是宇宙中的终极真理，而“摩耶”则是梵在世间的显现，因此，必须要破除“摩耶”才能找到“梵”。——译者注

产生无数幻象，好比赤仁玛峰和珠穆朗玛峰实际上是同一座山峰，只不过是因为在不同的山谷中观察，看到的样子不一样罢了。[1]

当然，有许多栩栩如生的鬼故事深深印入我们的脑海中，它们会使我们无法接受这样简单的事实。例如，有人告诉我窗外有一棵树，但我并没有看到这棵树。通过一些巧妙的装置，只需几步就能把这棵树的形象植入我的意识中，这就是我的感觉。如果你和我站在一起，也看向这棵树，这个装置就把同样的画面植入了你的意识。[2]我看到了我意识中的树，你看到了你意识中的树（和我看到的一样），而这棵树究竟是什么，我们却并不了解。这种夸张的想法最早是由康德所提出的。如果我们把意识看成一个**单数名词**，我们就可以方便地声称，显然只有一棵树，其余所有的图像都是“鬼故事”。

1. 赤仁玛峰，是喜马拉雅山脉的一座山峰，海拔 7134 米，位于尼泊尔和中国边境，在尼泊尔也被称为“高里三喀峰”。不过需要注意的是，薛定谔关于珠穆朗玛峰的说法其实是不正确的，这主要是因为当时的西方人并不熟悉喜马拉雅山脉上的一系列山峰，错误地将赤仁玛峰当成了珠穆朗玛峰。——译者注
2. 薛定谔所描述的场景在今天已经不再仅仅是“鬼故事”了。今天，随着脑机接口（brain-computer interface，BCI）技术的发展，通过双向脑机接口，脑与外部设备之间可以实现双向的信息交换，或许在不久的未来，通过两个脑机接口，两人就可以实现薛定谔所描述的场景。——译者注

然而，每个人都相信，我们经验和记忆的总和形成了一个统一体，它与其他人各自形成的统一体不同。这就是人们谈论的“我”。**这个“我”究竟是什么？**

我想，如果你仔细分析，就会发现这个“我”只是比一组单纯的数据（经验和记忆）多一点。即“我”是存储和显示这些数据的画布。而且，当你进行仔细的内省时，你会发现“我”的真正含义，正是某种如同画布的、汇集这一系列经验和记忆集合的基本材质。你可能要去一个遥远的国家旅行。在那里，你与你的朋友失去了所有的联系，几乎忘记了他们；然后你遇到了新的朋友，并与他们热情地分享你的生活，就像你与你的老朋友们一样。在过上新生活后，尽管旧日的回忆将会变得越来越微不足道，但过去的生活仍然会不时地在你的脑海中飘过。[1]你可以用第三人称的口吻谈论“青年时代的我”，与“过去的自我”相比，如果你现在正在阅读一本小说的话，或许小说的主人公更接近你的内心，他的形象也更生动，你也更了解他。但你的新旧生活之间没有脱节，也没有死亡。即使一位有经验的催眠大师成功地消除了你过去的所有记忆，你也不会觉得他已经杀死

1. 这也是薛定谔自己的经历，1938年，纳粹德国吞并了奥地利第一共和国，薛定谔离开了奥地利，前往爱尔兰都柏林。——译者注

了你。一个人的存在在任何情况下都不会被否定。

它永远不会。

对后记的补注

我在这里所主张的观点似乎恰好跟奥尔德斯·赫胥黎的看法相同。正好在最近，他提出了“**长青哲学**”的思想。他这部杰出的著作（Perennial Philosophy, London: Chatto & Windus，1946）不仅可以很好地诠释我们在这里讨论的思想，也解释了为何这种思想如此难以理解，又为何容易招致反对。[1]

1. 奥尔德斯·赫胥黎（Aldous Huxley，1894—1963），英国作家、哲学家，他是反乌托邦小说《美丽新世界》的作者，他所提出的“长青哲学”（Perennial Philosophy）是一种宗教哲学观点，即认为在世界上的各种不同的宗教传统中具有某种统一性和普遍性的真理。——译者注

‖大家小书青春版书目

乡土中国	费孝通　著
中国历史上的科学发明（插图本）	钱伟长　著
天道与人文	竺可桢　著
中国古代衣食住行	许嘉璐　著
儿童中国史	张荫麟　袁　震　著
从紫禁城到故宫：营建、艺术、史事	单士元　著
桥梁史话	茅以升　著
五谷史话	万国鼎　著　徐定懿　编
长城史话	罗哲文　著
孔子的故事	李长之　著
大众哲学	艾思奇　著
经典常谈	朱自清　著
写作常谈	叶圣陶　著
语文漫话	吕叔湘　著　张伯江　编
汉字知识	郭锡良　著
谈美	朱光潜　著
谈修养	朱光潜　著
谈美书简	朱光潜　著
给青年的十二封信	朱光潜　著
世界美术名作二十讲	傅　雷　著
红楼小讲	周汝昌　著
人间词话	王国维　著　滕咸惠　校注
诗词格律概要	王　力　著
古文观止	［清］吴楚材　吴调侯　选注
唐诗三百首	［清］蘅塘退士　编　陈婉俊　补注
宋词选	胡云翼　选注

朝花夕拾　鲁　迅　著
呐喊　彷徨　鲁　迅　著
鲁迅杂文选读　鲁　迅　著
回忆鲁迅先生　萧　红　著
呼兰河传　萧　红　著
骆驼祥子　老　舍　著
茶馆　老　舍　著
闻一多诗选　闻一多　著
朱自清散文选集　朱自清　著
汪曾祺散文　汪曾祺　著
书的故事　[苏]伊　林　著　张允和　译
新月集　飞鸟集　[印]泰戈尔　著　郑振铎　译
动物肖像　[法]布　封　著　范希衡　译
猎人笔记　[俄]屠格涅夫　著　耿济之　译
老人与海　[美]海明威　著　林一安　译
小王子　[法]圣埃克苏佩里　著　范东兴　译
生命是什么　[奥]薛定谔　著　傅渥成　王雨晨　译

出版说明

“大家小书”多是一代大家的经典著作，在还属于手抄的著述年代里，每个字都是经过作者精琢细磨之后所拣选的。为尊重作者写作习惯和遣词风格、尊重语言文字自身发展流变的规律，为读者提供一个可靠的版本，“大家小书”对于已经经典化的作品不进行现代汉语的规范化处理。

提请读者特别注意。

北京出版社